# 风光无限的新能源

李方正 楼仁兴◎编著

吉林出版集团股份有限公司
全国百佳图书出版单位

**图书在版编目（CIP）数据**

风光无限的新能源 / 李方正， 楼仁兴编著. -- 长春：吉林出版集团股份有限公司， 2013.6（2024.4重印）

（新能源）

ISBN 978-7-5534-1955-8

Ⅰ. ①风… Ⅱ. ①李… ②楼… Ⅲ. ①新能源－普及读物 Ⅳ. ①TK01-49

中国版本图书馆CIP数据核字（2013）第123469号

# 风光无限的新能源

编　　著　李方正　楼仁兴
责任编辑　李柏萱
封面设计　孙浩瀚
开　　本　710mm×1000mm　1/16
字　　数　105千字
印　　张　8
版　　次　2013年8月第1版
印　　次　2024年4月第5次印刷

出　　版　吉林出版集团股份有限公司
发　　行　吉林出版集团股份有限公司
地　　址　吉林省长春市福祉大路5788号
邮　　编　130000
电　　话　0431-81629968
邮　　箱　11915286@qq.com
印　　刷　三河市金兆印刷装订有限公司

书　　号　ISBN 978-7-5534-1955-8
定　　价　42.80元

# 前　言

能源是国民经济和社会发展的重要物质基础，对经济持续快速健康发展和人民生活的改善起着十分重要的促进与保障作用。随着人类生产生活大量消耗能源，人类的生存面临着严峻的挑战：全球人口数量的增加和人类生活质量的不断提高；能源需求的大幅增加与化石能源的日益减少；能源的开发应用与生态环境的保护等。现今在化石能源出现危机、逐渐枯竭的时候，人们便把目光聚集到那些分散的、可再生的新能源上，此外还包括一些非常规能源和常规化石能源的深度开发。这套“新能源”是在李方正教授主编的《新能源》的基础上，通过收集、总结国内外新能源开发的新技术及常规化石能源的深度开发技术等资料编著而成。

本套书以翔实的材料，全面展示了新能源的种类和特点。丛书共分为十一册，分别介绍了永世长存的太阳能、青春焕发的风能、多彩风姿的海洋能、无处不有的生物质能、热情奔放的地热能、一枝独秀的核能、不可或缺的电能和能源家族中的新秀——氢和锂能。同时，也介绍了传统的化石能源的新近概况，特别是埋藏量巨大的煤炭的地位和用煤的新技术，以及多功能的石油、天然气和油页岩的新用途和开发问题。全书通俗易懂，文字活泼，是一本普及性大众科普读物。

“新能源”丛书的出版，对普及新能源及可再生能源知识，构建资源节约型的和谐社会具有一定的指导意义。“新能源”丛书适合于政府部门能源领域的管理人员、技术人员以及普通读者阅读参考。

在本书的编写过程中，编者所在学院的领导给予了大力支持和帮助，吉林大学的聂辉、陶高强、张勇、李赫等人也为本书的编写工作付出了很多努力，在此致以衷心的感谢。

鉴于编者水平有限，成书时间仓促，书中错误和不妥之处在所难免，热切希望广大读者批评、指正，以便进一步修改和完善。

目录
CONTENTS

风光无限的新能源

风光无限的新能源

风光无限的新能源

风光无限的新能源

# 01 自然界的能量

能量在自然界无所不在。刮风、下雨、雷鸣、电闪、潮起潮落，无不表现能量的存在，只不过它们的表现形式多种多样罢了。

天上的恒星，每时每刻都在自己的轨道上运行，同时它的内部，却进行着剧烈的变化，释放出巨大的能量。

地球以每秒29千米的速度围绕太阳运行，同时它内部在不断释放

电闪

能量，经常引起地壳变动、火山爆发、地震和造山运动等。

自然界中所有的物质，当进行化学反应产生物质的同时，或吸收热量，或放出热量，从而产生化学能。

我们以汽车为例，看看它是怎样释放能量的。汽车轮子转动，这是位置变化的运动；汽车鸣笛发生声响，声波在空气中传播，这是声震动；车灯照亮道路，这是光能；喇叭和车灯都靠电流发挥作用，这是电流的功劳；汽车靠内燃机发动行驶，内燃机靠汽油燃烧产生热气，推动活塞运动，这是化学能。所有这些不同形式的能量，又可以互相转化，使我们这个世界变得绚丽多彩、五彩缤纷。

（1）恒星

恒星是指宇宙中靠核聚变产生的能量而自身能发热发光的星体。过去天文学家以为恒星的位置是永恒不变的，以此命名，但事实上，恒星也会按照一定的轨迹围绕着其所属的星系的中心而旋转。恒星是宇宙中最基本的成员。

（2）轨道

轨道是物质运行的路线。例如，恒星、行星、卫星，它们的运行路线就称为恒星的轨道、行星的轨道和卫星的轨道。小行星越出了运行轨道，坠入地球就称为陨石。火车在铁路上运行，铁轨就是它的轨道。

（3）地球

地球是太阳系从内到外的第三颗行星，也是太阳系中直径、质量和密度最大的类地行星。赤道半径为6378.2千米，其大小在行星中排第五位。地球有大气层和磁场，表面的71%被水覆盖，其余部分是陆地，是一个蓝色星球。

# 02 什么是能源

能源可以简称为含有能量的资源，也可称其为能向人们提供能量的自然资源。《大英百科全书》对能源的解释为：“能源是一个包括所有燃料、流水、阳光和风的术语，人类采用适当的转换手段，给自己提供所需的能量。”

原油是一种能源，因为它可以提炼出汽油、煤油和柴油，可以为汽车、飞机、坦克提供动力。煤炭是人们经常用的能源，经过燃烧后释放出大量的热能，可推动机械做功或发电。风也是一种能源，它可以为风车、帆船、风力发电机提供机械能。太阳光可以提供

柴油

热能，称为太阳辐射能，简称太阳能。通过人工方法、借助某种设备也能产生能量，例如发电站，人们可以把风能、太阳能和原子核能变成电能，为电器设备提供动力，以满足社会发展与进步的需要。

在自然界里，能源的提供和表现有两种情况：一种是提供某种形式能量的物质，如大家熟悉的柴草、煤炭、石油及其产品，汽油、柴油、煤油、重油、天然气、核能等均属此类；另一种是由物质运动提供能源，如天上刮的风、河里流的水、涨落的海潮、起伏的波浪、地球内部的地热等。

（1）资源

资源是指一国或一定地区内拥有的物力、财力、人力等各种物质要素的总称。资源分为自然资源和社会资源两大类，前者包括阳光、空气、水、土地、森林、草原、动物、矿藏等；后者包括人力资源、信息资源以及经过劳动创造的各种物质财富。

（2）大英百科全书

大英百科全书被认为是当今世界上最知名也是最权威的百科全书，诞生于18世纪。第一个版本的大英百科全书在1768年开始编撰，历时3年，于1771年完成，共3册。

（3）太阳辐射

太阳辐射是指太阳向宇宙空间发射的电磁波和粒子流。地球所接收到的太阳辐射能量仅为太阳向宇宙空间放射的总辐射能量的二十亿分之一，但却是地球大气运动的主要能量。

# 03 火与火神

火种

古代希腊曾流传着许多娓娓动听的故事，其中火神普罗米修斯盗取天火就是其中的一个，这个故事因善恶分明、情节生动而流传至今，家喻户晓。

普罗米修斯是天上的一位神仙，对地球上的人类富有同情心，当看到人类在黑暗中摸索、忍受着寒冷、食物只能生吃、甚至有些人因中毒而死，他产生了恻隐之心，违背宙斯的禁令，用茴香秆从太阳车的火焰中引出一团熊熊烈火，悄悄送到人间。人类获得了火种，黑暗被驱散，光明来到人间；寒冷消除，温暖的关爱使人们喜笑颜开；食物经过烤煮，变得香飘四溢，芳香可口。

天神宙斯得知人间有了火种，十分恼怒，便指使潘多拉将装有各种祸患灾害的盒子带到人间，来抵消火种带给人类的温暖，并下令重罚普罗米修斯。从此，普罗米修斯被拷锁在高加索山顶的悬崖上。宙斯派神鹰每天啄食他的肝脏。后来，大英雄赫拉克勒斯路过高加索山时，用利箭射死了神鹰，马人喀戎又自愿做了普罗米修斯的替身，终于解救了这位盗火英雄。

（1）希腊

希腊位于欧洲东南部巴尔干半岛南端。陆地上北面与保加利亚、马其顿以及阿尔巴尼亚接壤，东部则与土耳其接壤，濒临爱琴海，西南临爱奥尼亚海及地中海。希腊被誉为是西方文明的发源地，拥有悠久的历史，并对三大洲的历史发展有过重大影响。

（2）恻隐之心

恻隐之心出自《孟子·告子上》：“恻隐之心，人皆有之。”释义是：恻，悲伤；隐，伤痛；恻隐，对别人的不幸表示同情，见到遭受灾祸或不幸的人产生同情之心。

（3）高加索山

高加索山海拔3000米以上，山顶终年积雪，主峰厄尔布鲁士山海拔5633米，是欧洲第一高峰。

# 04
# 原始人类的能源——火

早在170万年前，元谋人就已经留下了用火的遗迹。北京人明确了人类最早用火的遗迹。在北京人住过的洞穴里，发现了几层灰烬，其中最厚的一层灰烬有6米厚，说明篝火在这里连续燃烧了很长时间。灰烬中有许多被火烧过的兽骨、石块和朴树子。最上面一层灰烬还分成了两大堆。灰烬成堆，说明北京人不但懂得用火，而且已有保存火种和管理火的能力。从利用火、保存火种，

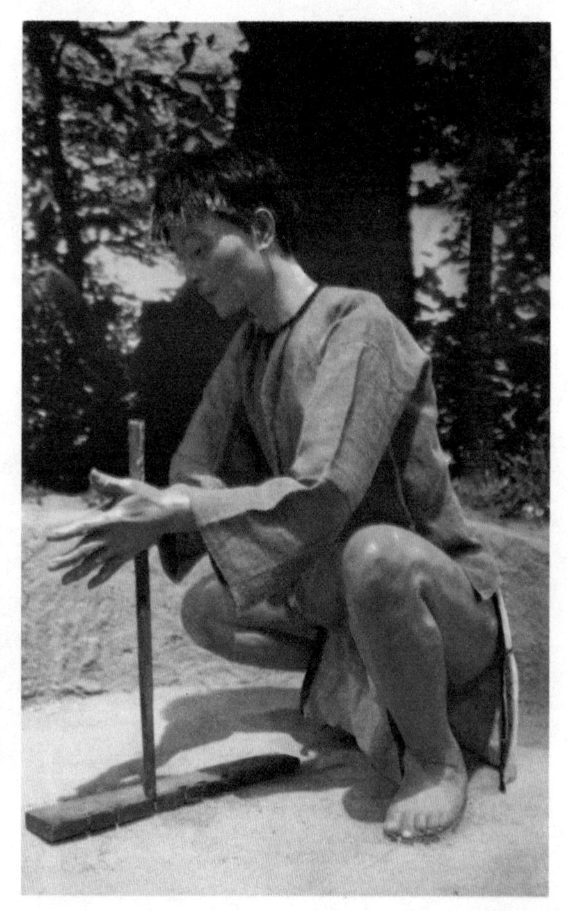

钻木取火

到人工取火，证明人类第一次控制了火这种自然能源。

人类什么时候发明了人工取火，现在还说不清楚。人工取火的发明又与制造工具和武器有关。人们在加工木器、石器等过程中，有时会有火花溅出，当钻木、锯木、刮木时，木头会发热、冒烟，甚至会生出火来。有了这些启示，又经过长期的经验积累，人们终于发明了人工取火的方法。从此，火便成为人类最普遍应用而不可缺少的能源。

（1）元谋人

元谋人的学名为元谋直立人，或称元谋猿人。1965年在云南元谋上那蚌村附近发现了元谋人化石，共计左右门齿两颗。元谋人的距今年代为170万年左右，是属于旧石器时代早期的古人类。

（2）北京人

北京人又称北京猿人，科学命名为“北京直立人”，又称“中国猿人北京种”，是生活在更新世的直立人。其化石遗存于1927年在中国北京西南的周口店龙骨山发现。关于其年代的争议较大，一般认为在距今约50万年前。

（3）篝火

篝火泛指在郊外，通过累积木材或树枝搭好的木堆或高台燃点的火堆。在欧洲，燃点篝火是庆祝仲夏节的活动之一。“篝火”这个字在欧洲多国的语言里，都是由“骨”和“火”这两个字来组成，反映出这项活动过去的历史。

# 05
# 伟大的火

烤肉

火的发明和使用，是人类历史上一项伟大的成就。有了火，人们开始从“茹毛饮血”变为吃熟食，使食物范围扩大。过去生吃会中毒的食物，那些不能吃的食物，煮熟了都可以吃了；过去生吃不能吸收和消化的物质，煮熟后不但可以吃，而且营养丰富。这些食物对人类大脑和体质的发展具有十分重要意义。人类用火获得光明和温暖，防止野兽侵袭，围攻狩取野兽，烧烤木料、石块制作工具、武器，开垦土地，即“刀耕火种”。人们用泥土做成各种器皿，放在窑里烧，最终制成陶器，作为生活用品、劳动工具和武器。火的使用，使人类扩大了生存空间，过去寒冷不能居住的地方，有了火就可以居住了。

（1）茹毛饮血

茹毛饮血出自《礼记·礼运》：“未有火化，食草木之食，鸟兽之肉，饮其血，茹其毛，未有麻丝，衣其羽皮。”茹毛饮血用来描绘原始人不会用火，连毛带血地生吃禽兽的生活。茹毛饮血是我们这些后来的文明人对先人生活习性的形容。

（2）刀耕火种

刀耕火种出自《旧唐书·严震传》：“梁汉之间，刀耕火耨。”释义：古时一种耕种方法，把地上的草烧成灰做肥料，就地挖坑下种。

（3）陶器

陶器是指黏土在800～1000℃高温下焙烧而成的器皿。陶器质地比瓷器粗糙，通常呈黄褐色，也有涂上别的颜色或绘有彩色花纹的。新石器时代陶器开始大量出现。

# 06
# 中国煤炭史

中国是世界上最早利用煤炭的国家之一。据明代《天工开物》记载，当时采煤技术已经比较成熟，采煤的两项技术措施，即瓦斯排空及巷道支护都是当时世界上比较先进的技术。

古代不同时期对煤的称呼也不一样。春秋战国时期称其为“石涅”或涅石，魏、晋、唐、宋时称其为“石炭”，直到明代才称其为“煤炭”。宋应星按照煤的物理性状（如块度和火焰等）以及用途，

煤炭

将煤分成三类：明煤、碎煤、末煤。三者的燃烧情况不同，明煤“不能用风箱鼓吹，以木炭少许引燃”，便能日夜炽热燃烧，火焰平的叫“铁煤”，用来冶炼。碎煤入炉先用水浇湿，必用鼓篦后红。末煤呈粉状的叫“自来风”，“泡水调成饼，入于炉内即灼之后，与明煤相同，经昼夜不灭”。末煤有的用来烧水做饭，有的用来炼铜，融化矿石，炼取朱砂。

人类使用煤炭的历史已有2000多年。马可·波罗在《东方见闻录》中写道：“契丹（中国）全境中，有一种墨石，采自山中，如同脉络，燃烧与薪无异。其火候较薪为优，盖若夜间燃火，次晨不息，其质优良……”

（1）天工开物

天工开物是世界上第一部关于农业和手工业生产的综合性著作，是中国古代一部综合性的科学技术著作，有人称它是一部百科全书式的著作，作者是明朝科学家宋应星。外国学者称其为“中国17世纪的工艺百科全书”。

（2）瓦斯

瓦斯是古代植物在堆积成煤的初期，纤维素和有机质经厌氧菌的作用分解而成。瓦斯是无色、无味的气体，但有时可以闻到类似苹果的香味，这是由于芳香族的碳氢气体同瓦斯同时涌出的缘故。

（3）矿石

矿石是矿物集合体。在现代技术条件下，能从矿物中加工提取金属或其他产品。矿石原指从金属矿床中开采出来的固体物质，现已扩大到形成后堆积在母岩中的硫黄、萤石和重晶石之类非金属矿物。

# 07 中国石油史

开采石油

“石油”一词是北宋科学家沈括提出来的，并沿用至今。当时沈括在陕北一带考察，发现当地人做饭时家家户户都冒着浓浓的黑烟，近观发现他们烧的是一种从水面上捞出来的油脂，于是他在《梦溪笔谈》一书中详细记述了其在陕北鄜（县）延（安）一带考察和研究石油的情况，指出“鄜，延境内有石油”。他同时科学断言：“石油至多，生于地中无穷”，用油烟做的墨“后必大行于世”。为了宣传石油的价值，沈括写下了一首关于石油的《延川诗》：

二郎山下雪纷纷，旋草穹庐学塞人。

化尽素夜冬不老，石烟多似洛阳尘。

“石油”一词逐渐被世界各国所采用，因此，许多外国科学家都把中国称为“石油的故乡”。

中国是世界上最早发现利用石油和天然气的国家，也是世界上油气资源比较丰富的国家之一。人们早就发现台湾的磺坑、陕北的延长、新疆的独山子、甘肃的玉门、四川的圣灯山及石油沟出产石油。

（1）北宋

后周恭帝显德七年（960年），宋州（今河南商丘）归德军节度使赵匡胤在出兵北伐的途中，在宋州发动了政变，即“陈桥兵变”，迫使周恭帝退位，在汴州（今河南开封）建立了宋王朝，史称“北宋”。

（2）沈括

沈括（1031—1095），字存中，号梦溪丈人，杭州钱塘（今浙江杭州）人，北宋科学家、改革家。他晚年以平生见闻，在镇江梦溪园撰写了笔记体巨著《梦溪笔谈》，是中国历史上最卓越的科学家之一。

（3）梦溪笔谈

《梦溪笔谈》是北宋科学家沈括所著的笔记体著作，大约成书于1086年至1093年，收录了沈括一生的所见所闻和见解。这本书被西方学者称为中国古代的百科全书，现已有多种外语译本。

# 08 史书记载的天然气

天然气净化厂

据明代科学家宋应星所著《天工开物》记载：四川西部有“火井”，用竹做运输管道，把天然气从井内接到装有卤水的锅底，“只见火意烘烘，水即滚沸”。可是打开竹管一看，却没有半点烧焦的痕迹。看不到火的迹象而起火的作用，“此世间大奇事也！”

早在晋代的文献中就有关于天然气的记载，比英国利用天然气大约早了13个世纪。据记载，2200多年前，在四川双流一带首先发现了天然气；1800多年前，在邛川一带钻成第一口天然气井，开始用竹管输送天然气；600多年前，开始大量利用天然气煮盐。新中国成立后，中国对天然气的开采量与日俱增，除用作燃料外，还用作化工原料。

1667年，英国开始利用天然气，是最早利用天然气的欧洲国家，比中国晚了1000多年。

目前，天然气已成为继煤和石油之后的第三能源，与石油、煤炭、水利、核能一起成为世界能源的五大支柱。

（1）竹管

竹管指部分竹的茎秆，也称竹筒。因其中空，成管筒状，故称竹管。竹管通节可用以引水，截断可制盛器等。《后汉书·方术传下·甘始》“君达号‘青牛师’”李贤注引《汉武帝内传》：“〔封君达〕闻有病死者，识与不识，便以要闲竹管中药与服，或下针，应手皆愈。”

（2）晋代

晋代（265—420）是中国历史上九个大一统朝代之一，分为西晋与东晋两个时期。263年司马昭发兵灭蜀后进爵为晋王。265年其子司马炎自立为皇帝，国号晋，定都洛阳，史称西晋，280年灭东吴，完成统一。此后是绵延16年的“八王之乱”。

（3）邛州

邛州在今日邛崃筑城置县已有2300余年，称为巴蜀四大古城，“舟船争路、车马塞道、商旅敛财”。历史上的邛崃，工商兴盛。是“南方丝绸之路”“茶马古道”的第一站，有“天府南来第一州”的美誉。

# 09 能与能源的类型

能可以分为六大类，即机械能、热能、电能、化学能、电磁能、原子能。机械能是与位置相关的能；热能是原子、分子振动与运动相关的能；电能是电子的流动与积累相关的能；化学能是由化学反应产

风光互补电站

生的能；电磁能是和电磁辐射相关联的能；原子能是粒子相互作用而释放的，包括放射性衰变、裂变和聚变的能。

能源有多种类型，归纳起来有以下6种：辐射能；运动能（水能、风能、潮汐能、波浪能）；生物能（木材、蒿草、作物秸秆、动物油脂等）；化学能（煤、石油、天然气、油页岩）；原子能（铀、钍、锂、氘、氚等）；传导能（地热、温泉等）。这些形式的能源主要来自太阳、地下、地面和海洋。

（1）原子

原子是化学反应的基本微粒，在化学反应中不可分割。原子质量极小，且99.9%集中在原子核。原子是组成元素的最小单元。

（2）分子

分子是能单独存在，并保持纯物质的化学性质的最小粒子。分子的概念最早是由意大利的阿莫迪欧·阿伏伽德罗提出，他于1811年发表了《分子学说》，认为："原子是参加化学反应的最小质点，分子则是在游离状态下单质或化合物能够独立存在的最小质点。"

（3）化学反应

在化学反应中，分子破裂成原子，原子重新排列组合生成新物质的过程，称为化学反应。在反应中常伴有发光、发热、变色生成沉淀物等现象，判断一个反应是否为化学反应的依据是反应是否生成新的物质。

# 10 能源分类

能源是人类取得能量的来源，包括已开采可供使用的自然资源，以及经过加工或转换的能量来源。尚未开采出来的能量资源只能称为资源。能源按照其形态特征和转换、利用方式可分为以下12类：固体燃料、液体燃料、气体燃料、水能、核能、电能、太阳能、风能、生物质能、地热能、海洋能、核聚变能；按照能源的初始状态又分为一次能源和二次能源。

能源分类表

| 类别 | 类别 | 一次能源 | 二次能源 |
| --- | --- | --- | --- |
| 常规能源 | 燃料能源 | 泥煤、褐煤、无烟煤、烟煤、生物燃料、石煤、原油、天然气、油页岩、油砂 | 煤气、焦油、汽油、煤油、柴油、重油、液化石油气、甲醇、丙烷、酒精、苯胺、火药、硝化棉 |
|  | 非燃料能源 | 水能 | 电能、热水、蒸汽、余热能 |
| 新能源 | 燃料能源 | 核能 | 沼气、氢气 |
|  | 非燃料能源 | 太阳能、风能、海洋能、潮汐能、地热能 | 激光 |

（1）燃料

燃料广泛应用于工农业生产和人民生活，是能通过化学或物理反应释放出能量的物质。燃料有许多种，最常见的如煤炭、焦炭、天然气等。随着科技的发展，人类正在更加合理地开发和利用燃料，并尽量追求环保理念。

（2）电能

电能的利用是第二次工业革命的主要标志，从此人类社会进入电气时代，电能是表示电流做多少功的物理量。电能分为直流电能、交流电能，这两种电能均可相互转换。

（3）核聚变能

核聚变能反应燃料是从海水中提炼的氢的同位素氘。每1升海水中所蕴含的氘如果提取出来，发生完全的聚变反应，能释放相当于300升汽油燃烧时释放的能量。以此推算，根据目前世界能源消耗水平和海水存量，核聚变能可供人类使用数亿年，甚至数十亿年。

木材燃料

# 11 初级能源

来自太阳、地球和月球等天体的能量，是一切能量的源泉，叫作初级能源。自然界各种形式的能源，都是由初级能源转变而来的。太阳的能量来自它内部的核聚变，太阳的热核反应释放巨大的能量。太阳辐射能是地球各种能量的主要源泉。流水的能量，间接来自太阳能的辐射。各种生物质能，通过植物

风能、太阳能

的光合作用由太阳能转化而来。地层内埋藏着的煤炭、石油、油页岩、天然气等化石能源，是古代生物吸收太阳能而转化为生物质能，再由生物质能转化而来。

太阳、月球对地球的吸引力及相对运动造成了海洋的潮汐现象，后者具有相当大的能量，可以发电，叫作潮汐发电。核聚变也是一种重要的初级能源，一个铀原子裂变释放出的能量，比燃烧一个分子的汽油大几百万倍。

（1）核聚变

核聚变是指由质量小的原子，主要是指氘或氚，在一定条件下发生原子核互相聚合作用，生成新的质量更重的原子核，并伴随着巨大的能量释放的一种核反应形式。原子核中蕴藏巨大的能量，原子核的变化往往伴随着能量的释放。

（2）光合作用

光合作用即光能合成作用，是植物、藻类和某些细菌在可见光的照射下，经过光反应和碳反应，利用光合色素，将二氧化碳和水转化为有机物，并释放出氧气的过程。光合作用是一系列复杂的代谢反应的总和，是生物界赖以生存的基础。

（3）潮汐现象

海水有一种周期性的涨落现象，到了一定时间，海水推波助澜，迅猛上涨，达到高潮；过一段时间，上涨的海水又自行退去，留下一片沙滩，出现低潮。如此循环重复，永不停息。海水的这种运动现象就是潮汐现象。

# 12 一次能源

海洋能

一次能源是自然界现成的能源，即可以从自然界直接取得、不改变其基本形态的能源，如煤炭、石油、天然气、水力、核燃料、太阳能、生物质能、海洋能、风能、地热能等。它们在未开发之前，处于自然界赋存状态，即自然能源。世界各国的能源产量和消费量，一般均指一次能源。习惯上，把各种一次能源统一折算为标准煤，每千克标准煤的发热量规定为$2.8\times10^4$焦耳。一次能源按其形成和特点，又可

分为三大类：

第一类，来自地球以外天体的能量，主要是太阳，也包括太阳以外的天体。这一类能源包括煤炭、石油、天然气、油页岩等。它们是古代生物沉积在地下，经过多年才形成的可燃矿物。古代生物同现代生物一样，其能量都来自太阳的辐射能。如果追根寻源，水能、风能、海洋能、海流和波浪能，也都是太阳能形成的。

第二类，是来自地球本身的能量，如核燃料、地热能等。

第三类，是地球和其他天体相互作用而产生的能量。潮汐能就是地球、月球和太阳三者之间相互作用而产生的能源。

（1）天体

天体是宇宙中各种实体的统称，是指宇宙空间的物质形体。天体的集聚，形成了各种天文状态的研究对象。天体，是对宇宙空间物质的真实存在而言的，也是各种星体和星际物质的通称。

（2）太阳辐射

太阳辐射是指太阳向宇宙空间发射的电磁波和粒子流。地球所接受到的太阳辐射能量仅为太阳向宇宙空间放射的总辐射能量的二十亿分之一，但却是地球大气运动的主要能量源泉。

（3）核燃料

核燃料可在核反应堆中通过核裂变或核聚变产生实用核能的材料。重核的裂变和轻核的聚变是获得实用铀棒核能的两种主要方式。铀235、铀238和钚239是发生核裂变的核燃料，又称裂变核燃料。

# 13 一次能源的转换

风能发电

在一次能源中，以第一类太阳辐射能为最多，每年有$54 \times 10^{20}$焦耳的能量，相当于186万亿吨标准燃料的热量，而第二、第三类的能量只有它的1/5000。根据能量不灭定律，这些能量是不会消灭的，只是换形式而已。例如，有大约30%的太阳能由于大气中的云层、尘埃等，以短波辐射的形式直接反射回宇宙空间，这部分能量现在还不能利用；有大约47%的太阳能被大气、陆地、海洋吸收，直接转变为热能，以长波辐射形式返回宇宙空间，平常所说的太阳能就是这部分能量；还有23%的太阳能消耗在水分的蒸发、雨雪降落，以及整个自然界的水循环过程中，这是全世界水能和海水热能的来源；有大约0.2%的太阳能转换成风、波浪和海流；只有0.02%的太阳能被植物利用，转化为植物的化学能，这部分能量有的被动物食用而转化为动物的化学能，有的由于腐烂或作为燃料被消耗掉。其中有一部分植物和动物的机体沉积在地下，天长日久，转变为矿物燃料，如煤和石油等。

**一次能源分类表**

| 类别 | 可再生能源 | 不可再生能源 |
| --- | --- | --- |
| 来自地球以外的能源 | 太阳能、风能、水能、海洋热能、海流动能、波浪能、生物燃料（雷电能）、（宇宙射线能） | 无烟煤、烟煤、褐煤、泥煤、石煤、原油、天然气、油页岩、油沙 |
| 来自地球内部的能源 | 地热能（火山能）、地震能 | 核燃料 |
| 来自其他天体和地球相互作用的能源 | 潮汐能 | |

（1）能量不灭定律

能量不灭定律也叫热力学第一定律，是能量守恒定律的一种特殊情况，有多种阐述方式，总的来说是论述系统的能量特性。而其核心是热可以由一种形式能量转换为另一种能量形式，但绝不会消失。

（2）宇宙空间

宇宙空间是超高度真空，但其间每立方厘米是由有0.1个氢原子和氢分子等物质构成的星际气体。其次是极端温度。受太阳光直接照射，可以产生极高温度，那里阳光耀眼；背向太阳光，则可以是接近绝对零度的低温，那里漆黑如墨。

（3）水循环

水循环是指水由地球不同的地方透过吸收太阳带来的能量转变成其他模式到地球另一些地方，在太阳能和地球表面热能的作用下，地球上的水不断被蒸发成为水蒸气，进入大气。水蒸气遇冷又凝聚成水，在重力的作用下，以降水的形式落到地面，这是个周而复始的过程。

# 14
# 二次能源

二次能源是一次能源经过加工转换成另一种形式的能源，主要有电力、焦炭、煤气、蒸气、热水、汽油、煤油、重油和石油制品等。一次能源无论经过几次转换所得到的另一种能源，都称为二次能源。一次能源被称为天然能源，二次能源被称为人工能源。

自然界的一次能源，除少数被人们直接利用外，绝大多数都要被转换为二次能源后才能被更经济有效地利用。电就是一种使用最方便、最广泛的二次能源。

煤、石油等一次能源转换为电能，一般经过了从燃料的化学能到热能，从热能到机械能，再从机械能到电能的一系列转换过程。

火力发电，是由燃料的化学能转换为热能，由热能转换为机械能，再由机械能转换为电能。与火电站相比，水电站的能量转换过程比较简单，它利用水流冲击水轮机旋转，把水能转换为机械能，再把机械能输入发电机转换成电能。

（1）高温炼焦

烟煤在隔绝空气的条件下，加热到950～1050℃，经过干燥、热解、熔融、黏结、固化、收缩等阶段最终制成焦炭，这一过程叫高温炼焦（高温干馏）。

（2）汽油

汽油的外观为透明液体，主要成分为$C_4$～$C_{12}$脂肪烃和环烃类，并含少量芳香烃和硫化物。按研究法辛烷值分为90号、93号、97号三个牌号。

（3）水电站

水电站是将水能转换为电能的综合工程设施，一般包括由挡水、泄水建筑物形成的水库和水电站引水系统、发电厂房、机电设备等。水库的高水位水经引水系统流入厂房推动水轮发电机组发出电能，再经升压变压器、开关站和输电线路输入电网。

蒸汽火车

# 15 常规能源

按照人类社会开发利用能源的进程和技术状况，通常把能源分成常规能源和新能源两种。

常规能源是指已经大规模生产和人们广泛利用的能源，如煤炭、石油、天然气、水能、核裂变能等。世界能源消费几乎来源于这五大能源，它们的使用历史有先有后，但都已成为人们十分熟悉的能源。

人类开始使用煤炭作燃料，应追溯到2000多年前。14世纪，中国的采煤业已相当发达。世界近代煤炭工业的兴起是从18世纪60年代英国产业革命时期开始的。1709年，开始用焦炭炼铁，60年后发明了蒸汽机；1787年，世界上第一艘蒸汽轮船问世；1825年，世界上第一条铁路在苏格兰建成通车。蒸汽机的推广使用，冶金、交通运输的发展，都需要大量的煤炭。但随着近代能源结构发生重大变化，煤炭的地位不断下降，石油、天然气、水能、核裂变能等应运而生。

（1）蒸汽机

蒸汽机是将蒸汽的能量转换为机械功的往复式动力机械。蒸汽机的出现曾引起了18世纪的工业革命。直到20世纪初，它仍然是世界上最重要的原动机，后来才逐渐让位于内燃机和汽轮机等。

### （2）蒸汽轮船

蒸汽轮船是用蒸汽机作动力的机械推进船舶。它的出现使船舶动力发生了革命性变化，从而完成了船舶动力的革命。船舶的推动力从人力、自然力转变为机械力，船舶用蒸汽机提供的巨大动力，使人类有可能建造越来越大的船，运载更多的货物。

### （3）苏格兰

苏格兰是大不列颠及北爱尔兰联合王国下属的地区之一，位于大不列颠岛北部，英格兰之北，以格子花纹，风笛音乐，畜牧业与威士忌工业而闻名。

发电机组

# 16 常规能源的演化史

回眸能源的开发利用历史，人们首先发现，煤炭的开采和应用，使冶炼工业、机械工业得到了大发展。16世纪末，人们已经知道用焦炭炼铁的方法。1765年，詹姆斯·瓦特发明蒸汽机，煤炭开始登上工业生产的舞台，有“煤炭时代”之称。

1965年，在世界能源消费结构中，石油首先取代煤炭占据首位，世界进入了“石油时代”。1979年，世界能源消费结构的比重是：石油占54%，天然气和煤炭各占18%，油气之和高达72%。石油取代煤炭正式登上历史舞台。

目前，天然气是世界上继煤炭和石油之后的第三大能源，预计它将部分代替石油，成为全球最主要的能源之一。

1942年，美国在芝加哥建立了世界上第一座核反应堆。1954年6月，世界上第一座发电反应器（反应堆的新名称）在苏联建成并正式启用。1956年，美国的核电站开始投入运行。到20世纪90年代，核能发电提供的电力已占全世界发电总量的17%左右。

选煤厂

（1）詹姆斯·瓦特

詹姆斯·瓦特是英国著名的发明家，是工业革命时期重要人物。他发明的蒸汽机经过一系列重大改进，使之成为“万能的原动机”，在工业上得到广泛应用。后人为了纪念这位伟大的发明家，把功率的单位定为“瓦特”。

（2）消费结构

消费结构是在一定的社会经济条件下，人们（包括各种不同类型的消费者和社会集团）在消费过程中所消费的各种不同类型的消费资料（包括劳务）的比例关系。有实物和价值两种表现形式。实物形式指人们在消费中，消费了一些什么样的消费资料，以及它们各自的数量。

（3）芝加哥

芝加哥位于美国中西部，属伊利诺伊州，东临密歇根湖。芝加哥及其郊区组成的大芝加哥地区，是美国仅次于纽约市和洛杉矶的第三大都会区。芝加哥地处北美大陆的中心地带，为美国最重要的铁路、航空枢纽。芝加哥同时也是美国主要的金融、文化、制造业、期货和商品交易中心之一。

# 17
# 新 能 源

新能源是指目前还没有被大规模使用，但已经开始或即将被人们推广利用的一次能源，如太阳能、风能、海洋能、沼气、氢能、地热、核聚变等。

常规能源和新能源的分类是相对的，取决于对它们使用的历史长短和范围大小。但是，常规能源和新能源的划分，在不同时期是不断变化的，今天被视为新能源，不久的将来可能会变成常规能源。以核裂变为例，20世纪50年代初，人们把它作为电力和动力时，被认为是一种新能源，但在步入原子能时代的今天，世界不少国家已把核裂变能列为常规能源。再如太阳能和风能，尽管它们被利用的历史很长，比核裂变能早几个世纪，但由于只是最近几年人们才开始真正重视这些能源，投入了大批人力和物力，不断地开发和扩大其利用范围，最终这些能源还是被列入新能源一类。

（1）电力

电力是以电能作为动力的能源。电力发明于19世纪70年代，它的发明和应用掀起了第二次工业化高潮，成为18世纪以来，世界发生的三次科技革命之一，从此科技改变了人们的生活。

太阳能

### （2）动力

动力即一切力量的来源，主要分为机械类和管理类。动力是指使机械做功的各种作用力，如水力、风力、电力等。动力也用来比喻推动工作、事业等前进和发展的力量。

### （3）世纪

计算年代的单位一个世纪是100年，通常是指连续的100年。当用来计算日子时，世纪通常从可以被100整除的年代或此后一年开始。

# 18 新能源展望

关于能源危机，未来的能源状况，新能源是否极大丰富，已成为人们普遍关心的问题。让我们来看看下面关于能源的预测。20世纪末，《人民日报》在《能源发展趋势》一文中估计：“在世界常规能源中，除煤炭因储量较多尚能维持较长时间外，目前已探明的石油储量将于2020年开采完（尚未探明和正在勘探的石油除外）；工业发达国家的天然气将于2020年被用尽；发展中国家将在2060年发生天然气短缺；作为核电站燃料的铀资源，最迟也将于2030年

石油开采

告罄。”

面对化石能源的短缺，人类唯一的出路就是积极寻找新能源。各国科学家早已着手进行这方面的研究，并已取得可喜的进展，不久的将来，许多新型的、可再生的能源将纷纷登上舞台，大放异彩。据专家预测，到2050年或2080年，太阳能、核反应堆将成为世界能源系统的支柱，再加上其他新的能源形式，可以为世界上150亿人口提供足够的能源。

（1）勘探

勘探是对已知具有工业价值的矿床或经详查圈出的勘探区，通过加密各种采样工程，使其间距足以肯定矿体（层）的连续性，以查明矿床地质特征，确定矿体的形态、产状、大小、空间位置和矿石质量特征，详细查明矿体开采技术条件，对矿产的加工选冶性能进行实验室流程试验或实验室扩大连续试验。

（2）储量

储量泛指矿产的蕴藏量，其表示方式有矿石储量（简称矿石量）、金属储量（简称金属量）或有用组分储量、有用矿物储量等，多数以质量（吨、千克、克拉）计，少数以体积（立方米）计。它不扣除未来开采和加工时的贫化与损失。

（3）铀资源

铀资源是天然储存于地壳中的铀的富集体，即在当前或可以预见的将来能成为经济和技术上可以开采和提取的铀矿产品，包括现在就可以开发的储量和由于可预见的经济技术进步将来可以开发的预测铀资源两类。

# 19 再生能源

在自然界一次能源中，按照能源是否能有规律地不断再生和得到补充，又可分为再生能源和非再生能源。

再生能源，顾名思义，是可以再生产、再出现的意思。再生能源即能够循环使用、不断得到补充的一次能源，如水能、太阳能、生物质能、风能、海洋热能、潮汐能等。这些能源的能量巨大，取之不

水能

尽，用之不竭，是解决人类未来能源需要的重要源泉。由于生产技术水平的限制和生产费用的昂贵，目前再生资源利用率还不高，尚处于潜在能源的地位。

虽然，从理论上说，再生能源是取之不尽、用之不竭的，但是长远来看，所有物质也都是有始有终的。以太阳为例，太阳的寿命也是有限的。科学家们估计，今天的太阳正处于中年阶段，再过100多亿年，它也会“死亡”，而成为红巨星，白矮星。太阳到时已不能再发生光和热了，从而与太阳相关的许多能源，如风能、生物质能、海洋热能、潮汐能等也就随之消失了。

（1）源泉

源泉，有源头的水。源泉混混，不舍昼夜；水的源头，我欲穷源泉，於兹将远涉；比喻事物发生的根源，现实生活是艺术创作的源泉。

（2）再生产

再生产是不断反复进行的社会生产过程。从企业说，以货币形态为起点，转化为生产形态、商品形态，再以货币形态结束。如此周而复始，以维持人类社会的存在和发展。从社会再生产过程来说，它包括生产、分配、交换、消费四个相互影响相互制约的环节，其中生产起决定性作用。

（3）潜在

马克思主义把潜在作为与“可能性”相近的概念，意指事物内部包含的否定性，常被用来说明事物发展过程中内部孕育的新趋势，由于在运动中尚未构成相对独立的新事物，暂时作为未来新事物可以产生的可能性存在于原有事物或运动过程中。

# 20 非再生能源

核电站

非再生能源是指经过开发使用之后，不能重复再生的自然资源，也就是在短期内无法恢复的一次能源，又称不可更新能源或消耗性能源，如煤炭、石油、天然气、油页岩，以及核燃料铀、钍等。

这些能源埋藏在地壳中，一旦被人类开发利用，其储量会逐渐减少，无法再生。目前，非再生能源在世界能源生产和消费中所占比重极大。据专家测定：世界石油可采储量为5500亿～6700亿桶（不包括未探明的储量），可供使用25～30年；煤炭总储量约为10.8万亿吨，可采储量为6370亿吨，可供开采245年；发达国家的天然气还能用20多年，发展中国家的天然气还能用60年；作为核电站燃料的铀矿资源还能开采大约30年。

（1）地壳

在地理上，地壳是指由岩石组成的固体外壳，地球固体圈层的最外层，岩石圈的重要组成部分，可以用化学方法将它与地幔区别开来。其底界为莫霍洛维奇不连续面。

（2）铀

铀是原子序数为92的元素，其元素符号是“U”，是自然界中能够找到的最重元素。在自然界中存在3种同位素，均带有放射性，拥有非常长的半衰期（数亿年至数十亿年）。此外还有12种人工同位素（铀-226至铀-240）。铀在1789年由马丁·海因里希·克拉普罗特发现。

（3）钍

钍在元素周期表中原子序数为90，属ⅢB族锕系放射性元素，化学符号是“Th”。钍有6种天然同位素和19种人工同位素。其中只有232钍可转换核素。钍-铀、钍-钚-铀-锆是有希望的快堆燃料；钍-铀混合氧化物是高温气冷堆燃料。

# 21 清洁能源和非清洁能源

从环境保护的角度，人们根据能源在使用过程中的污染程度又将能源分为清洁能源和非清洁能源。凡是在使用过程中对环境没有污染

风能发电

或污染很小的能源都被称为清洁能源。有时人们还把清洁能源称为绿色能源。绿色能源有两层含义：一是利用现代技术开发干净、无污染的新能源，如太阳能、风能、潮汐能等；二是化害为利，将发展能源同改善环境结合起来，充分利用城市垃圾、淤泥等废物中所蕴藏的能量。普及自动化控制技术和设备，提高能源的利用率也属于此范围。

凡是在使用过程中对环境造成严重污染的能源称为非清洁能源，如煤炭、石油等。目前，化石能源除极少数用作化工原料外，多数都用作燃料，有效利用率只有1/3，其余2/3多作为废物排入空气中。化石燃料在利用过程中对环境的影响，主要来源于燃烧时产生的气体、固体废物和发电时的余热，表现在温室效应和酸雨两方面。

（1）垃圾

垃圾指不需要或无用的固体、流体物质。在人口密集的大城市，垃圾处理是一个令人头痛的问题。常见的做法是收集后送往堆填区，或是用焚化炉焚化。但两者均会制造环境保护的问题，而终止过度消费可进一步减轻堆填区饱和程度。

（2）温室效应

温室效应又称“花房效应”，是大气保温效应的俗称。大气能使太阳短波辐射到达地面，但地表向外放出的长波热辐射线却被大气吸收，这样就使地表与低层大气温度增高，因其作用类似于栽培农作物的温室，故名温室效应。

（3）酸雨

酸雨可分为“湿沉降”与“干沉降”两大类，前者指的是所有气状污染物或粒状污染物，随着雨、雪、雾或雹等降水形态而落到地面者，后者则是指在不下雨的日子，从空中降下来的落尘所带的酸性物质而言。

# 22 燃料能源和非燃料能源

火力发电厂

大自然赋予人类的能源很多，而且各有特点。人们对能源的分类也很多，除前面已经介绍的一次能源和二次能源，再生能源和非再生能源外，按使用情况，还可将其分为：燃料能源和非燃料能源。燃料能源包括矿物燃料，如煤炭、石油、天然气等；生物燃料，如木材、沼气、碳水化合物、蛋白质、脂肪、有机废物等；化工燃料，如丙烷、甲醇、乙醇、苯胺、火药等；核燃料，如铀、钍、氘、氚等。前三种为化学能或机械能，核燃料则为原子能。非燃料能源种类也很多，如风能、水能、潮汐能、海流和波浪动能等，主要是机械能；地热能、海水热能等主要是热能；太阳能、激光等表现为光能；电则为电能。

目前看来，燃料能源均为常规能源，都或多或少存在环境污染问题；而非燃料能源，均为正在兴起的能源，或称为新能源，不存在环境污染问题，将成为第三次世界能源革命的主力军。

（1）蛋白质

蛋白质是生命的物质基础，没有蛋白质就没有生命。因此，它是与生命及与各种形式的生命活动紧密联系在一起的物质。机体中的每一个细胞和所有重要组成部分都有蛋白质参与。

（2）脂肪

脂类是油、脂肪、类脂的总称。食物中的油脂主要是油和脂肪，一般把常温下是液体的称为油，而把常温下是固体的称为脂肪。脂肪所含的化学元素主要是碳、氢、氧，部分还含有氮、磷等元素。脂肪是由甘油和脂肪酸组成的三酰甘油酯。

（3）火药

火药是一种黑色或棕色的炸药，由硝酸钾、木炭和硫黄机械混合而成，最初均制成粉末状，以后一般制成大小不同的颗粒状，可供不同用途之需，在采用无烟火药以前，一直用作唯一的军用发射药。

# 23 含能体能源和过程性能源

从能源的储存和输送的性质考虑，可将能源分为含能体能源和过程性能源。凡包含有能量的物质都是含能体能源，如煤炭、石油、油页岩、柴火，秸秆、树木等，可以直接储存和输送。也可以说，各种燃料能源都是含能体能源。其实，地热也是含能体能源。

石油化工

过程性能源，是指物质（体）在运动过程中产生能量的能源，无法直接储存和输送，如风、流水、海流、波浪，潮汐等。当它发生移动、流动运动时，即在其过程中产生能量，人们利用这些能量发电、做功。例如，风可以吹动风车，风车可以用来提水、磨面、碾米；流水能带动机器，从而转变为机械能，再转化为电能。

（1）物质

世界上的物质都是化学物质，或者是由化学物质所组成的混合物。物质的基本成分是元素。元素呈游离态时为单质，呈化合态时则形成化合物。分子、原子、离子是构成物质最基本的微粒。

（2）海流

海流又称洋流，是海水因热辐射、蒸发、降水、冷缩等而形成密度不同的水团，再加上风应力、地转偏向力、引潮力等作用而大规模相对稳定的流动，它是海水的普遍运动形式之一。海洋里有着许多海流，每条海流终年沿着比较固定的路线流动。

（3）风车

风车是一种利用风力驱动的带有可调节的叶片或梯级横木的轮子所产生的能量来运转的机械装置。古代的风车，是从船帆发展而来的，它具有6～8副像帆船那样的篷，分布在一根垂直轴的四周，风吹时像走马灯似的绕轴转动，称为走马灯式的风车。

# 24 商品能源和非商品能源

商品能源是指经流通环节大量消费的能源，主要有煤炭、石油、天然气、电力等。非商品能源是指不经过流通环节而自用的能源，如农户自产自用的薪柴、秸秆，牧民自用的牲畜粪便等。

据统计，中国农村目前大约有3亿农民缺煤少电，全国农村每年需要烧掉大约4亿吨薪柴和秸秆，900万吨畜粪。即便如此，产生的能源还是远远不能满足需要，因为这些能源的含热量低，煮一顿饭得用上1～2捆柴火，畜粪就更不用说了。当这些能源得不到满足，人们又要生活，就势必导致大量的树木被砍伐，使地表植被减少，造成水土流失等自然灾害的发生。

（1）商品

商品是指商品流通企业外购或委托加工完成，验收入库用于销售的各种商品。商品的基本属性是价值和使用价值。价值是商品的本质属性，使用价值是商品的自然属性。

（2）水土流失

人类对土地的利用，特别是对水土资源不合理的开发和经营，使土壤的覆盖物遭受破坏，裸露的土壤受水力冲蚀，流失量大于母质层育化成土壤的量，土壤流失由表土流失、心土流失而至母质流失，终使岩石暴露。

（3）自然灾害

自然灾害是指自然界中发生的异常现象，对人类社会所造成的危害往往是触目惊心的，既有地震、火山爆发、泥石流、海啸、台风、洪水等突发性灾害；也有地面沉降、土地沙漠化、干旱、海岸线变化等在较长时间中才能逐渐显现的渐变性灾害。

柴火

# 25 能源之源

地球上的能源多种多样，形形色色，然而这许许多多的能源又是从哪里来的呢？也就是说能源之源在哪里呢？能源主要来自三个方面，一是来自“地球之外”，二是来自“地球自身”，三是来自地球、太阳、月亮之间的相互作用。

第一类，来自地球以外的能源，主要是来自太阳的能量（光和热）。太阳能量十分巨大，太阳每秒钟放射出$3.8 \times 10^{23}$千瓦的能量，其中到达地球大气层的能量约为其总辐射能的二十二亿分之一。可别小看这二十二亿分之一，它的能量达到$1.73 \times 10^{14}$千瓦，相当于500多万吨煤燃烧时放出的热量。一年的太阳能就相当于170万吨煤的热量，现在全世界一年消耗的能量还不及它的万分之一。人们可以直接利用太阳的光和热。另外，煤炭、石油、天然气、油页岩等石化能源也是古代生物固定下来的太阳能。

第二类，来自地球自身的能源，如地热能、核燃料等。

第三类，由地球、太阳、月亮之间相互作用而产生的能源，如潮汐能等。

太阳光能

（1）地热能

地热能是从地壳抽取的天然热能，这种能量来自地球内部的熔岩，并以热力形式存在，是引致火山爆发及地震的能量。地球内部的温度高达7000℃，而在80～100千米的深度处，温度会降至650～1200℃。

（2）太阳

太阳是距离地球最近的恒星，是太阳系的中心天体。太阳系质量的99.87%都集中在太阳。太阳系中的八大行星、小行星、流星、彗星、外海王星天体以及星际尘埃等，都围绕着太阳公转。

（3）月亮

月球，俗称月亮，古称太阴，是环绕地球运行的一颗卫星。它是地球唯一的一颗天然卫星，也是离地球最近的天体（与地球之间的平均距离是38.4万千米）。1969年尼尔·阿姆斯特朗和巴兹·奥尔德林成为最先登陆月球的人类。

# 26 能量的转换

人们在生产生活中，对各种能源无不进行转换和使用，例如，农村使用柴火煮饭，把柴火燃烧变成火，熊熊的火焰加热锅里的水或食物，这个过程就是能源转换为热。

1769年，英国发明家詹姆斯·瓦特发明了蒸汽机，它的工作原理就是：燃料在炉子中燃烧，产生高温，传给蒸汽机里的水，水变成具有一定温度的压力和蒸汽。强大的压力和高温的蒸汽，通过蒸汽机把热能转换成机械能。蒸汽机第一次实现了热能向机械运动的转换，促进了机器大工业生产的发展。1785年至1789年，蒸汽机首先应用于纺织工业，后来钢铁、机械等工业也相继用它作为动力。此后，1807年世界上第一艘以蒸汽机为动力的轮船下水，1825年建成世界上第一条蒸汽机车铁路。可以说，由于蒸汽机的发明，促进了18世纪世界工业生产的大发展。

（1）工业

工业是社会分工发展的产物，经过手工业、机器大工业、现代工业几个发展阶段。在古代社会，手工业只是农业的副业，经过漫长的历史过程，工业是指采集原料，并把它们在工厂中生产成产品的工作和过程。

### （2）纺织工业

纺织工业是生产织物和生产制成织物的纤维、纱、线和其他原料，将自然纤维和人造纤维原料加工成各种纱、丝、线、绳、织物及其染整制品的工业部门。

### （3）铁路

铁路是供火车等交通工具行驶的轨道。铁路运输是一种陆上运输方式，以机车牵引列车在两条平行的铁轨上行走。但广义的铁路运输还包括磁悬浮列车、缆车、索道等非钢轮行进的方式，或称轨道运输。

蒸汽机车

# 27 能源的品质评价（一）

能源种类很多，各有优缺点，从目前的技术水平来看，评价能源品质的技术指标，主要有以下几个方面：

能流密度。在一定空间（或面积）内，从某种能源实际所能得到的功率，称为能流密度。评价能源，首先要评价它的能流密度。显然，如果能流密度很小，就很难作为主力能源。太阳能和风能的能流密度很小，每平方米100瓦左右，核能的能流密度很大，各种常规能源的能流密度也很大。

开发费用和设备价格。使用能源，必须对它的开发费用以及使用过程中的设备价格进行评价。例如，太阳能、风能等，不必花费多大代价就能获得、使用；各种矿物燃料（如煤炭、石油及天然气等）、核燃料，从勘探开采到加工运输，都需要人力和物力的很大投入，而且有的工序还损害人体健康。

（1）密度

密度是物质的一种特性，不随质量和体积的变化而变化，只随物态变化而变化。某种物质的质量和其体积的比值，即单位体积的某种物质的质量，称为这种物质的密度。

### （2）价格

价格是商品同货币交换比例的指数，或者说，价格是价值的货币表现。价格是商品的交换价值在流通过程中所取得的转化形式。在经济学的过程中，价格是一项以货币为表现形式，为商品、服务及资产所订立的价值数字。

### （3）功率

功率是指物体在单位时间内所做的功，即功率是描述做功快慢的物理量。功的数量一定，时间越短，功率值就越大。功率的计算公式为功率=功/时间，功率可分为电功率、力的功率等，这两种功率的计算公式也有所不同。

太阳能发电

# 28
# 能源的品质评价（二）

存储可能性与功能连续性。即不需要时，能量可以存储起来，需要时可以马上供应。在这方面，太阳能、风能难以做到，而矿物燃料和核燃料则比较容易做到。

运输费用与损耗。太阳能、风能、地热能难以运输，而煤炭、石油和天然气却很容易做到。水电站可将水能转换成电能，通过高压电线运送到远方，但损失和基建投资都比较大。

对环境的污染程度。污染主要发生在耗能过程中。随着能源消费的增加，污染程度也越来越严重。燃烧煤炭对环境污染比较严重，新能源多数为无污染的洁净能源。

储藏量。作为能源，一个重要条件就是它的储量是否丰富。俄罗斯、美国和中国的煤炭储量均极其丰富。中国的水力资源也非常丰富，堪称世界第一。

能源品位。能够直接变成机械能和电能的能源（如水力）品位，要比那些必须先经过热这个环节再进一步转化的能源（如矿物燃料）品位要高一些。

煤炭电力能源

（1）损耗

损耗一般指损失，受损失或耗费的意思。在信号专业中，损耗指信号电平或强度的减少，通常用分贝表示。损耗也指没有实际用途的功率耗散。

（2）消费

消费是人类通过消费品满足自身欲望的一种经济行为。具体说来，消费包括消费者的消费需求产生的原因、消费者满足自己的消费需求的方式、影响消费者选择的有关因素。

（3）品位

品位指对事物有分辨与鉴赏的能力。品位也许该是美食家常用的专业词汇，也指矿石中有用元素或它的化合物含量的百分率。含量的百分率愈大，品位愈高。据此可以确定矿石为富矿或贫矿。

# 29 能源的计量单位

在国际单位制中，能源的单位是焦耳。物体拥有的能量反映它对做功的能力。功和能量具有相同的单位。焦耳的定义是：1牛顿的力是物体在力的方向上移动1米所做的功。1焦耳等于1牛·米（1千克=9.80665牛顿）。

功率是做功快慢程度的度量，用单位时间内做的功（或消耗的功）来表示，功率的基本单位是瓦特。1瓦特等于1焦耳/秒或1瓦特·秒。

在实际工作中，焦耳作为能量单位显得太小，常用的单位为千瓦/小时，或电的度数。1千瓦小时等于$3.6\times10^{8}$焦耳，等于3600千焦耳。

热量是能量的一种形式，在国际单位之中，热量也以焦耳为单位。

（1）做功

做功是指能量由一种形式转化为另一种的形式的过程。做功的两个必要因素：作用在物体上的力和物体在力的方向上通过的距离。经典力学的定义：当一个力作用在物体上，并使物体在力的方向上通过了一段距离，力学中就说这个力对物体做了功。

海洋能

（2）秒

时间单位秒是国际单位制中时间的基本单位，符号是“s”。“秒”字由“禾”和“少”组成，原意是指稻穗上的细芒，含有极其微小的意思；现指计量单位名称。

（3）小时

小时是一个时间单位。小时不是时间的国际单位制基本单位（时间的国际单位制基本单位是秒），而是与国际单位制基本单位相协调的辅助时间单位。一小时等于3600秒，或者60分钟，或者1/24天。

# 30 "桶"和"标准煤"

由于各种燃料的热值各不相同，当统计能源的生产和消费，特别在计算能耗指标时，我们说，某种物质的热值相当于标准燃料（或标准煤）的多少，例如某物质的热值是$2.9\times10^8$焦耳/千克。

西方国家常用"桶"作为石油的计量单位。每桶为42美加仑（1美加仑=0.00378立方米），合158千克。每桶原油约为137千克。平均发热量约为$5.9\times10^9$焦耳，折合0.2吨标准煤。标准煤，一般指每千克发热$2.93\times10^7$焦耳的煤炭。各种燃料均可按平均发热量折算成标准煤。中国各种燃料折算成标准煤的比率是：原油为0.714，石油为1.429，天然气为1.33，生物燃料（如柴草等）约为0.6，水电每度一般按当年火力发电的实际耗煤量折算成标准煤。

发电量：千瓦时（kWh），1度等于1千瓦时。

功率：瓦（特）（W），1马力等于735.499瓦特。

重力：千克，1千克等于9.70665牛顿。

### （1）热值

热值又称卡值或发热量。在燃料化学中，热值是表示燃料质量的一种重要指标，是指单位质量（或体积）的燃料完全燃烧时所放出的热量，通常用热量计测定或由燃料分析结果算出。热值有高热值和低热值两种。

### （2）标准燃料

标准燃料是计算能源总量的一种模拟的综合计算单位。在能源使用中主要利用它的热能，因此，习惯上都采用热量来作为能源的共同换算标准。由于煤、油、气等各种燃料质量不同，所含热值不同，为了便于对各种能源进行计算、对比和分析，必须统一折合成标准燃料。

### （3）计算单位

计算单位一般有：米、千米、牛顿、帕斯卡等单位。但在佛教传统意义上讲单位，特指长度、质量、时间等的定量单位，也有专门的术语如：刹那、一瞬、弹指、须臾等。

煤炭

# 31 第一次世界能源革命

大约在一万年前，原始人学会了人工取火的方法，其中“钻木取火”的传说广为流传。传说有位能人“燧人氏”从鸟啄燧木出现火花中受到启示，他折下燧木枝，钻木取火。他把这种方法教给人们，人类从此学会了人工取火，用火烤制食物、照明、取暖、冶炼等。从此，人类发展到从利用“自然火”到“人工取火”阶段，人类第一次驾驭了自然力，掌握了第一个能源，这是了不起的变革。自从人类第一次驾驭火以来，一次次的技术革命陆续发生。在一万年前，人类进入新石器时代，开始驯养动物，把野兽变成家畜；开始种植，变野草为稻谷，出现了原始的畜牧业和原始农业，开始从事农耕，畜牧和制陶等活动。早期人类除了利用自身能量（人力）以外，还开始利用动物能量（畜力），比较先进的农耕地区，还开始利用水能和风能。

人工取火技术的发明，导致了以薪柴为主的生物质能的广泛利用。这是人类社会能源结构发生的第一次大转化，即人类由单纯依靠太阳能为主的现成天然能源，向以薪柴为主的生物质能的过渡。

### （1）燧人氏

燧人氏，三皇之首，河南商丘人，他在今河南商丘一带钻木取火，教人熟食，是华夏人工取火的发明者，结束了原始人类茹毛饮血的历史，开创了华夏文明。燧人氏的神话反映了中国原始时代从利用自然火，进化到人工取火的情况。

### （2）新石器时代

新石器时代在考古学上是石器时代的最后一个阶段，是以使用磨制石器为标志的人类物质文化发展阶段。这个时代在地质年代上已进入全新世，继旧石器时代之后，或经过中石器时代的过渡而发展起来，属于石器时代的后期。

### （3）生物质能

生物质能就是太阳能以化学能形式贮存在生物质中的能量形式，即以生物质为载体的能量。它直接或间接地来源于绿色植物的光合作用，可转化为常规的固态、液态和气态燃料，取之不尽、用之不竭，是一种可再生能源，同时也是唯一一种可再生的碳源。

柴

# 32
# 第二次世界能源革命

第二次世界能源革命的标志，是由薪柴能源当家，转变为由化石能源当家，是能源结构发生的一次巨大转变。第二次世界能源革命开始于19世纪中期。有了蒸汽机，人们开始用煤炭作燃料，驱动火车、轮船、机器等，从而开辟了工业、交通运输业的新天地。后来，人们又发明了以石油产品为燃料的内燃机，进一步提高了人类利用能源的能力。第二次世界能源革命可以分为四个阶段：由以薪柴为主向以煤炭为主的转化；由以煤炭为主向以石油为主的转化；由以石油为主返回以煤炭为主的转化；由以煤炭向天然气的转化。目前，我们正处在第二次能源革命的第三阶段。但可以肯定，以煤炭为主的第三阶段和以天然气为主的第四阶段的时间都不会太长，以核能等新能源为主的第三次世界能源革命即将到来。

（1）化石能源

化石能源是一种碳氢化合物或其衍生物。它由古代生物的化石沉积而来，是一次能源。化石燃料不完全燃烧后，都会散发出有毒的气体，但它却是人类必不可少的燃料。化石能源所包含的天然资源有煤炭、石油和天然气。

运输船运输煤炭

（2）内燃机

内燃机是将液体或气体燃料与空气混合后，直接输入汽缸内部的高压燃烧使燃烧爆发产生动力。这也是将热能转化为机械能的一种热机。内燃机具有体积小、质量小、便于移动、热效率高、起动性能好等特点。

（3）核能

核能是通过转化其质量从原子核释放的能量，符合阿尔伯特·爱因斯坦的方程$E=mc^2$，其中E=能量，m=质量，c=光速常量。核能通过三种核反应，释放，核裂变，打开原子核的结合力；核聚变，原子的粒子熔合在一起；核衰变，自然的裂变形式。

# 33
# 第三次世界能源革命

世界能源正面临一个新的转折点，即迎来第三次世界能源革命。能源消费结构，已开始从以石油能源为主要能源，逐步向以多元能源为主要能源过渡。新能源即将取代石油而成为主要能源形式。新能源包括地热、低品位放射性矿物、地磁等地下能源；潮汐、海浪海流、海水温差、海水盐差、海水重氢等海洋能源，风能、生物能等地面能源，以及太阳能、宇宙射线等太空能源。其中核能最有希望取代石油成为第三次能源革命的主力军。

第三次世界能源革命正风起云涌，方兴未艾，遍及世界各国。太阳能的利用，促进了航天事业的飞速发展；核电站的建立，极大程度地解决了电源问题。不难看出，每次能源革命，都标志着人类社会的一次新的飞跃。

（1）地磁

地磁是地球所具有的磁性现象。罗盘指南和磁力探矿都是地磁的利用。地磁又称“地球磁场”或“地磁场”，指地球周围空间分布的磁场。地球磁场近似于一个位于地球中心的磁偶极子的磁场。

（2）能源革命

能源革命就是人类史上关于能源的开发和利用方式的重大突破。钻木取火是人类在能量转化方面最早的一次技术革命。蒸汽机的发明是人类利用能量的新里程碑。核能释放的装置——反应堆，拉开了以核能为代表的第三次能源革命的序幕。

（3）电源

电源是提供电能的装置，因为它可以将其他形式的能转换成电能，所以我们把这种提供电能的装置叫做电源。

海洋能

# 34
# 第五能源——节能

目前，世界上工业发达国家的能源利用效率为40%～50%，而一些工业不发达国家只有30%。能源利用率低，单位产品能耗高，说明能源浪费大。因此，如何更有效地开发和利用能源资源，已成为当前迫切需要解决的问题，也是21世纪人类将面临的重大课题。

那么，什么是第五能源呢？节能，是最便宜、最迅速、最可靠的能源供应新来源，而且还可以减少与能源有关的环境问题，因而引起了社会的广泛重视，并将节能与煤炭、石油、天然气、水电、核能等能源并列，誉为第五能源。

目前中国主要工业产品的单耗比世界先进水平要高很多，如中国每吨钢的能耗接近日本的2倍，大中型企业每吨水泥熟料的煤耗比日本高50%～80%，全国平均每吨合成氨的能耗也相当于日本的2倍。如果将能源消耗效率降低10%，那么所获得的能量将比水电和核能加在一起还要多；如果提高20%，则比天然气产生的能量还要大。可见提高能源的利用率，将会带来多么大的经济效益。

节能是人类“保护资源”“造福子孙”的千秋大业。所以，对于第五能源——节能的开发，将占有十分重要的地位。

新安江水电站

（1）节能

节能就是尽可能地减少能源消耗量，生产出与原来同样数量、同样质量的产品；或者是以原来同样数量的能源消耗量，生产出比原来数量更多或数量相等质量更好的产品。

（2）水泥熟料

水泥熟料是以石灰石和黏土、铁质原料为主要原料，按适当比例配制成生料，烧至部分或全部熔融，并经冷却而获得的半成品。在水泥工业中，最常用的硅酸盐水泥熟料主要化学成分为氧化钙、二氧化硅和少量的氧化铝和氧化铁。

（3）合成氨

合成氨指由氮和氢在高温高压和催化剂存在下直接合成的氨，别名氨气，分子式为$NH_3$，世界上的氨除少量从焦炉气中回收外，绝大部分是合成的氨。生产合成氨的主要原料有天然气、石脑油、重质油和煤（或焦炭）等。

# 35 古老的化石能源——煤炭

煤炭是含碳量很高的固体物质，由碳、氢、氧、硫、水分、灰分组成。在这些成分中，碳和氢是可燃性元素，因此，科学上又将其称为碳氢燃料。

铁路煤炭运输

从煤炭的成因来说，它是由古代植物变来的。古代植物的叶子含有叶绿素，叶子通过叶片上的气孔从空气中吸收二氧化碳，在光合作用下，将太阳能转化成为生物能。在漫长的历史进程中，森林中的树木，如鳞木、松柏、苏铁等树木和巨大的羊齿植物，一批批生长，又一批批死亡，周而复始。沼泽是植物持续繁衍和堆积的良好场所，它可以发育在滨海平原，也可以出现在内陆湖泊的滨岸或低洼地区。大量植物死亡倒入水中，马上被水体覆盖，使植物体与空气隔绝，这些植物不会氧化分解（腐烂），经过复杂漫长的成煤过程，植物就演变成了煤炭。

在煤炭家族里，最好的是无烟煤，其次是烟煤，再其次是褐煤。由植物转变成煤的过程，大体又可以分为泥炭化、煤化和变质三个阶段。无烟煤的变质程度很高，烟煤次之，褐煤变质程度很低，所以煤质不好。

（1）沼泽

沼泽是指地表过湿或有薄层常年或季节性积水，土壤水分几近饱和，生长有喜湿性和喜水性沼生植物的地段。广义的沼泽泛指一切湿地；狭义的沼泽则强调泥炭的大量存在。

（2）内陆湖泊

内陆湖泊是指独自形成独立的集水区域，湖水均不外泄入海的湖泊。中国内陆湖泊主要分布在内蒙古、新疆、甘肃、青海及西藏内流地区，如青海湖、罗布泊等。

（3）氧化分解

氧化分解是氧气供给不足时，葡萄糖通过酵解生成乳酸；在充分供给氧气的条件下，葡萄糖经过三羧酸循环和呼吸链等途径，彻底分解成二氧化碳和水。葡萄糖的有氧氧化是细胞内产生能量最主要的方式，它比无氧酵解过程释放的能量多。

# 36
# 煤的气化和液化

煤炭长期被当成燃料直接燃烧、发电、取暖和日用等，这是一个极大的浪费。煤炭中有不少有害元素，燃烧时会变成有害气体污染环境，煤炭中也有不少有益元素，是可贵的化工原料，在燃烧中白白烧掉了，造成了极大的浪费。

关于如何解决煤直接燃烧，造成环境污染和能源浪费的问题，目前比较普遍的办法是：煤的气化和煤的液化。

煤块

煤的气化是原料煤在气化剂的作用下，对煤进行加工，使煤转化为煤气。煤气既可以作燃料，又可作化工原料。作为燃料的煤气，它的热效率高，燃烧稳定，净化程度好，没有污染，运输也方便，工艺和设备都比较简单。

煤的液化就是把煤转化为液态碳氢化合物。煤中的氢原子和碳原子之比，一般大于1，石油的氢原子和碳原子之比为1.5～2之间，所以液化煤就得加氢，进行复杂的化学变换，同时去掉氧、氮和硫。煤的液化必将成为液体燃料的重要来源。

（1）煤炭中有害元素

煤炭中有害元素是指存在于煤中、对人和生态有害的元素，如砷、氟、氯、硫、镉、汞、铬、铍、铊、铅等。不同时代、不同产地的煤炭中的有害元素含量不尽相同，对人或环境的危害也不一样。

（2）煤炭中伴生元素

煤炭中伴生元素主要以与煤有机质或与中无机矿物相结合的形式存在。目前，在煤中已查明了80多种元素，其中许多在煤中形成富集，有的可形成工业矿床，如富锗煤、富铀煤、富钒石煤等。

（3）环境污染

环境污染是指人类直接或间接地向环境排放超过其自净能力的物质或能量，从而使环境的质量降低，对人类的生存与发展、生态系统和财产造成不利影响的现象。环境污染包括：水污染、大气污染、噪声污染、放射性污染等。

# 37 化石能源——石油

油生产

石油（又称原油），产于地下岩层中，是油状可燃液体，主要成分为碳氢化合物的混合物。这种有机化合物一般可占石油成分的97%～99%，此外还含有少量的氧、碳、氮，以及微量的多种金属和半金属元素。

完全由碳和氢元素组成的化合物，称为碳水化合物，简称烃，是石油的主要组成物质。含硫小于0.5的原油称为低硫原油，而含硫高于0.5%的原油称为高硫原油。石油中还含有蜡质和沥青，它们的含量不同，石油的颜色也不同。中国大庆、胜利、华北油田的石油呈黑色，玉门油田的石油呈暗绿色，克拉玛依油田的石油呈棕黄色或棕褐色，

四川油田的石油呈黄绿色。

石油散发出各种气味，如轻质原油具有芳香味，浓黑的原油具有沥青味，含硫、氮化合物的原油具有恶臭味。石油比水轻，每立方米石油重750～1000千克。石油加热到30℃时就开始沸腾，再加热，继续沸腾，可以升到500～600℃之间。石油不溶于水，但能溶于有机溶液。石油的发热量是优质煤的1.5倍，1千克石油燃烧就可以产生约$4.184\times10^7$焦的热量，而1千克煤炭燃烧只产生（1.67～2.3）$\times10^7$焦热量，1千克木柴燃烧时仅产生（8.37～1.04）$\times10^7$焦热量。

石油不仅易燃烧，效能高，而且烟尘少，无灰烬，易开采，运输和使用都很方便，因此称为“工业的血液”。

（1）岩层

覆盖在原始地壳上的层层叠叠的岩层，是一部地球几十亿年演变发展留下的“石头大书”，地质学上叫作地层。地层从最古老的地质年代开始，层层叠叠地到达地表。

（2）有机化合物

有机化合物主要由氧元素、氢元素、碳元素组成。有机物是生命产生的物质基础。有机化合物包括脂肪、氨基酸、蛋白质、糖、血红素、叶绿素、酶、激素等。生物体内的新陈代谢和生物的遗传现象，都涉及有机化合物的转变。

（3）沸腾

沸腾是指液体受热超过其饱和温度时，在液体内部和表面同时发生剧烈汽化的现象。液体沸腾的温度叫沸点。不同液体的沸点不同。即使同一液体，它的沸点也要随外界的大气压强的改变而改变。

# 38 石油的一家

石油

通常人们所说的石油，是指从油井采出没有进行加工的原油。在国际上，石油分原油和石油产品。通常说的石油产品专指原油产品。石油在炼油厂经过提炼，所得产品叫石油产品，例如：汽油、柴油、润滑油、凡士林、石蜡、沥青、液化石油气、重油等。它们都是石油家族中的第二代。这些石油产品各有各的特点，也各有各的用途。

汽油是重要的燃料，用途广泛，汽车、飞机都离不开它。

煤油用途很广，可分为照明用煤油、煤重质煤油、拖拉机煤油、航空煤油等。

柴油是重要的液体燃料，内燃机车、轮船、拖拉机、坦克、抽水机、载重卡车等都使用它。

重油用途有四类：燃料、材料、化工原料和综合利用。中国95%的重油当作燃油使用，主要用于锅炉、平炉和其他各种锅炉的燃料。

润滑油可以减轻机器的磨损，使机器运转灵活，速度加快。

石蜡耐腐蚀，易燃烧，不吸水，能防潮，是不可多得的建筑材料。蜡烛、蜡笔、复写纸等都用石蜡作原料，它还是重要的化工原料。

沥青可以用来铺筑柏油公路，还可以作为防腐剂、油毡的原料。

（1）腐蚀

腐蚀指材料由于环境作用引起的破坏或变质；也预指人在各种不良思想或行为等因素的影响下，使得自身思想行为逐渐变质堕落。

（2）柏油（沥青）

柏油是由不同分子量的碳氢化合物及其非金属衍生物组成的黑褐色复杂混合物，呈液态、半固态或固态，是一种防水、防潮和防腐的有机胶凝材料。柏油用于涂料、塑料、橡胶等工业以及铺筑路面等。

（3）防腐剂

防腐剂是指天然或合成的化学物质，用于加入食品、药品、颜料、生物标本等，以延迟微生物生长或化学变化引起的腐败。亚硝酸盐和二氧化硫是常用的防腐剂。

# 39 天生丽质的天然气

天然气是指蕴藏在地层中的烃类（由碳和氢组成的化合物，称为碳水化合物，简称烃）和非烃类混合可燃气体。广义的天然气包括煤层气、油田气、气田气、泥火山气和生物生成气等。

什么是气田气呢？地层中开采出来的全是天然气而没有石油时，这种天然气叫作气田气。而在开采石油的过程中，从石油中分离出来的天然气，称为石油伴生气，即油田气。世界天然气产量中主要是气

天然气储气站

田气和油田气。目前对煤成气的开采也逐渐得到重视。

天然气的主要成分是甲烷，其碳氢比高于石油，本身就是优质清洁型燃料。天然气是目前世界上公认的优质高效能源，也是可贵的化工原料。

天然气密度小，具有较大的压缩性和扩散性，采出后一般经管道输送，也可以压缩后灌入容器中，或制成液化天然气。开采天然气的气井存在压力差，利用这种压力差，可以在不影响天然气开采和使用的情况下进行发电。

（1）甲烷

甲烷是无色、无味、可燃和无毒的气体。甲烷在自然界分布很广，是天然气、沼气、油田气及煤矿坑道气的主要成分。它可用作燃料及制造氢气、炭黑、一氧化碳、乙炔、氢氰酸及甲醛等物质。

（2）化工原料

化工原料种类很多，用途很广。化学品在全世界有500万～700万种之多，在市场上出售的已超过10万种，而且每年还有1000多种新的化学品问世，其中有150～200种被认为是致癌物。

（3）压缩性

压缩性是指粉末在压制过程中被压缩的能力，反应胚体的致密程度。压缩性主要与颗粒的塑性有关，软的粉末比硬脆性粉末的压缩性好。

# 40
# 世界的目光转向了油页岩

储油罐

随着化工、航空、汽车等工业的快速发展，用于提炼汽油、柴油的原料——石油，已成为十分紧俏的商品，价格逐年攀升。由于用量大幅增加，大规模开采、开发，一些国家和地区的石油储量明显减少。工业用油所面临的状况更是僧多粥少，供不应求，供需矛盾日渐紧张，甚至引发战争。这就迫使一些国家急需找到一种新的替代资源。一些大的商家、财团、跨国公司也跃跃欲试，试图借机找到发展壮大自己的经济增长点。

于是，油页岩就成了最受关注的替代资源之一，它不但可以直接燃烧，而且是获取“人造石油”的重要来源，经低温干馏就可以得到作为航空、汽车工业用油、汽油、柴油、煤油、润滑油等，还可以得到石蜡、氨水等一系列化工产品。传统的干馏工艺进一步发展，新的工艺不断问世，如荷兰壳牌公司地下干馏转换技术就使得提取油页岩变得更为经济。另外，油页岩层位稳定，产状变化小，易于加工提炼，成本低，经济效益好，这也是它备受青睐的原因之一。

（1）油页岩

油页岩属于非常规油气资源，以资源丰富和开发利用的可行性而被列为21世纪非常重要的接替能源，它与石油、天然气、煤一样都是不可再生的化石能源，在近200年的开发利用中，其在资源状况、主要性质、开采技术以及应用研究方面都积累了不少经验。

（2）人造石油

人造石油是从煤或油页岩等中提炼出的液态碳氢化合物，与天然石油具有相同或相似的成分。人造石油是用固体等可燃矿物、液体或气体燃料加工得到的类似于天然石油的液体燃料。人造石油主要成分为各种烃类，并含有氧、氮、硫等非烃化合物。

（3）干馏

干馏是煤在隔绝空气条件下受热变化的过程，煤在干馏过程中有复杂的变化，其主要为干馏过程中煤的性质的变化，在研究干馏过程时，主要应了解煤的粒度变化、软化及热分解、结焦等。煤的干馏又称煤的焦化。

# 41
# 油页岩与页岩油

油页岩是含油较高的宝贵资源，被誉为“固体石油”。油页岩的颜色比较复杂，多呈黑色或灰黑色，含油率较高时，往往呈暗褐色或棕黑色，密度小，一般在1.3～1.7之间，有暗淡光泽或无光泽，多为块状和页片状，风化后出现明晰的薄层状纹理，有韧性而不易破碎，用小刀刻画时，出现划痕，但很快就会消失。含油率高时，用小刀削

大庆石化汽油加氢

成薄片可弯卷。断口较平坦，长期用纸包裹，油就会浸透到纸上。用指甲刻画条痕，有油泽纹理，用火柴可以点燃。燃烧时火焰带浓重黑烟，且发出浓烈的沥青味。

油页岩经过干馏，可获得页岩油和副产品硫酸铵、吡啶等。油页岩进一步加工可以获得汽油、柴油、煤油、润滑油等航空、汽车用油，此外，还可以获得石蜡、氨水等化工产品。

页岩油被称为“人造石油”，它的品质和天然石油不相上下，均属汽油、柴油、煤油的原油，价值较高。目前，世界上用油页岩生产页岩油的国家不多，美国、俄罗斯、中国等走在前列。

（1）光泽

光泽泛指表面上反射出来的亮光，即光在物体表面的反射所发生的现象。光泽度主要取决于矿物本身的折光率。矿物的光泽可分为金属光泽、半金属光泽、金刚光泽和玻璃光泽四大类。

（2）断口

断口是矿物的一种力学性质，与“解理”相对。矿物受力后不是按一定的方向破裂，破裂面呈各种凹凸不平的形状的称断口。没有解理或解理不清楚的矿物才容易形成断口。断口有别于解理面，它一般是不平整弯曲的面。

（3）条痕

条痕是出现在网纹平面上与滚筒轴向平行的条状印痕，属胶印印品故障。条痕是鉴别矿物的一个证据。条痕是矿物粉末的颜色，可以在未上釉的瓷片上刻画来观察条痕的颜色，这种瓷片叫作条痕板。

# 42 新型能源——可燃冰

天然气码头

可燃冰又称天然气水合物，是以甲烷（$CH_4$）为主的气态烃素物质，充填或被束缚在笼状水分子结构中，形成冰状化合物，是天然气和水在海洋的强大压力和低温作用下，经过几百万年凝固而形成的一种坚实的凝固体。

开始是在北极圈发现了可燃冰，从钻探的地方冒出来，一接触到海面的冷水，立即凝结成一层晶状体。后来人们在海底油气资源勘探中，普遍发现了这种冰冻状态的天然气水合物晶体。这种新能源的储量估计为世界石油储量的两倍。

据测试，1单位体积的天然气水合物，能包含200倍的天然气。许多专家认为陆上27%、大洋底90%的地区都具有形成天然气水合物（可燃冰）的条件。计算表明，天然气水合物在陆地上的总资源量为5300吨煤当量，水陆两地的天然气水合物总资源合计为世界煤炭的10倍，石油的130倍，天然气的487倍。其中永冻区为（14～33 960）$\times 10^4$亿立方米，海洋沉积为（3113～7 641 000）$\times 10^4$亿立方米。全世界可燃冰中的甲烷含量约为$1.981 \times 10^8$亿立方米。

（1）北极圈

北极圈是北寒带与北温带的界线，其纬度数值为北纬66° 33'，与黄赤交角互余，其以内大部分是北冰洋。北极圈的范围包括了格陵兰岛、北欧和俄罗斯北部，以及加拿大北部。北极圈内岛屿很多，最大的是格陵兰岛。

（2）钻探

钻探是用钻机设备从地表向地下钻进成孔，从而达到所要任务的工程施工工程。从钻探的目的可分为：地质钻探、水文水井钻探、工程勘察钻探、石油钻探等。

（3）煤当量

煤当量是按标准煤的热值计算各种能源量的换算指标。煤当量迄今尚无国际公认的统一标准。1千克煤当量的热值，联合国、日本、西欧大陆国家按29.3兆焦计算，而英国则是根据用作能源的煤的平均热值确定。中国采用的煤当量的热值为29.3兆焦／千克。

# 43 可燃冰的分布

天然气水合物（可燃冰）主要存在于世界范围内的沟盆、陆坡、边缘海盆陆缘，尤其是与泥火山，热水活动的盐底辟构造、大断裂构造有关的深海盆地中，还存在于北极和其他地区的永久冻土区中。调查人员认为，大西洋的85%、太平洋的95%、印度洋的96%的地区，都有可燃冰存在，主要分布于洋底200～600米的深度范围。

据调查，仅在海底区域可燃冰的分布面积就达4000万平方千米，

天然气管道

占地球海洋面积的1/4，2011年世界上已发现的可燃冰分布区多达116处，其矿层之厚，规模之大，是常规天然气田无法相比的。科学家估计，海底可燃冰的储量至少够人类使用1000年。

中国南海北部，已圈定11个可燃冰矿体，矿区总面积约22平方千米，矿层平均厚度为20米，预测储量约为194立方米。可燃冰的饱和度最高为46%（截至2012年），是世界上发现可燃冰饱和度最高的地区。

2009年9月25日，中国地质部门在青藏高原冻土层中发现了可燃冰，这是中国首次在陆域发现可燃冰，使中国成为继加拿大、美国之后，第三个在陆域发现可燃冰的国家。

（1）大西洋

大西洋是世界第二大洋，原面积9165.5万平方千米，在南冰洋成立后，面积调整为7676.2万平方千米，平均深度3627米，最深处波多黎各海沟深达8605米。大西洋分为北大西洋和南大西洋。

（2）太平洋

太平洋是世界最大的海洋，包括属海的面积为18 134.4万平方千米，不包括属海的面积为16 624.1万平方千米，约占地球总面积的1/3。从南极大陆海岸延伸至白令海峡，跨越纬度135°，南北最宽15 500千米。在太平洋水系中，最主要的是中国及东南亚的河流。

（3）印度洋

印度洋是世界的第三大洋，位于亚洲、大洋洲、非洲和南极洲之间，包括属海的面积为7411.8万平方千米，不包括属海的面积为7342.7万平方千米，约占世界海洋总面积的20%，包括属海的体积为28 460.8万立方千米，不包括属海的体积为28 434万立方千米。

# 44 可燃冰是怎样生成的

煤气工厂

可燃冰的学名为“天然气水合物”，是天然气在0℃和30个大气压的作用下，结晶而成的“冰块”。“冰块”里甲烷成分占80%～99.9%，可直接点燃，而且几乎不产生任何残渣，污染比煤、石油、天然气都要小得多。1立方米可燃冰可转换成164立方米天然气和0.8立方米水。

可燃冰的分子结构，就像是一个个由若干水分子组成的笼子（笼形结构水分子，通过氢键相互吸引构成笼子），甲烷分子就被关在这个笼子中，甲烷分子与水分子之间通过范德瓦耳斯力（一种存在于中性分子或原子之间的弱电吸引力）相互吸引，形成一种相对稳定的结构。点燃可燃冰时，甲烷气流“脱笼而出”，被逐渐释放，这便是可燃冰的燃烧机理。

形成可燃冰有三个基本条件：低温、高压和原材料（丰富的气源）。首先是低温，可燃冰在0～10℃时生成，超过20℃便分解。海底温度一般在2～4℃。其次是高压。可燃冰在0℃时，只需要30个大气压即可生成，而以海洋的深度，30个大气压是很容易保证的，并且气压越大，水合物就越不容易分解。第三是充足的气源。海底的有机物沉淀，如丰富的碳，经过生物转化可产生足够的气源。海底的地层是多孔介质，在温度、压力、气源三者都具备的条件下，可燃冰就会在介质的空隙中生成。

（1）分解

分解是指整体分成部分力的分解；使分成几个较简单的化合物；使分成构成成分或元素细菌在分解有机物时所起的作用。

（2）大气压

地球的周围被厚厚的空气包围着，这些空气被称为大气层。空气可以像水那样自由的流动，同时它也受重力作用。因此空气的内部向各个方向都有压强，这个压强被称为大气压。

（3）温度

温度是表示物体冷热程度的物理量，微观上来讲是物体分子热运动的剧烈程度。温度只能通过物体随温度变化的某些特性来间接测量，而用来测量物体温度数值的标尺叫温标。它规定了温度的读数起点（零点）和测量温度的基本单位。

# 45 水 能

丰满水力发电站

水能又称水力能源，通常专指陆地上江河湖泊中的水流能量。世界上的水能资源蕴藏量十分丰富，而且是一种循环不息的可再生能源，可以周而复始的反复使用。

中国是世界上水能资源最丰富的国家，中国水能资源的理论蕴藏量为6.8亿千瓦。中国的降雨量很充沛，年降雨量约6万亿立方米，相当于全球降雨量的5%。中国地势西高东低，山地、高地和丘陵占全国总面积的2/3以上，河流从高原往下流，穿越盆地和平原时，形成河流坡度陡峭、河谷狭窄的两大特点。这些特点其他国家是很少有的，对水能利用非常有利。例如长江、黄河，可以从上游到中游修建若干个梯级水电站，进行水力发电。

据调查，亚洲、非洲、拉丁美洲等地区的发展中国家，水力资源占全世界的65%，但目前只开发利用了4%，而一些工业发达国家的水力资源占有量38%，但利用程度却比较高。

（1）降雨量

降雨量指是从天空降落到地面上的液态或固态（经融化后）水，未经蒸发、渗透、流失，而在水平面上积聚的深度。降水量以毫米（mm）为单位，气象观测中取一位小数。测定降雨量常用的仪器包括雨量筒和量杯。

（2）河流

河流通常是指陆地河流，由一定区域内地表水和地下水补给，经常或间歇地沿着狭长凹地流动的水流。河流一般是在高山地区作源头，然后沿地势向下流，一直流入像湖泊或海洋般的终点。

（3）水能

水能是一种可再生能源，是一种很经济、很清洁的能源。中国水能理论蕴藏量为6.8亿千瓦，居世界首位。由于自然条件和技术上的原因，必须对河流进行分段开发。即自河流的上游起，由上而下地拟定一个河段接一个河段的水利枢纽系列、呈阶梯状的分布形式。

# 46 风　能

空气流动而产生的能量就是风能。空气流动形成风，而风又是太阳照射地面的结果。当太阳照射地面时，地面的温度升高，靠近地面的空气变热，热能膨胀，热空气体积变大，密度就变小，也就是变轻了，轻者上浮。相反，周围的冷空气有较高的气压，密度相对较大，

风能发电

就要下沉，向低压方向流动。这样，热空气上升，冷空气下沉，就造成了空气流动，这就是风。

由此可知，地球上的自然风，主要是由于太阳辐射引起地面空气对流而形成的。无论是徐徐的微风，还是狂烈的飓风，都是太阳辐射的结果。从古至今，风都是吹得土地黄沙莽莽，吹得“一川碎石大如斗，随风满地石乱走”。风会给人类带来灾难，然而猛烈怒吼的风也唤起了人类将它驯服的欲望，让它顺应人的意志，为人类服务。

人类早就利用风能做功了，古代人利用风车磨米、磨面、提水灌溉，利用风帆（帆船）航行。

（1）膨胀

当物体受热时，其中的粒子的运动速度就会加快，因此占据了额外的空间，这种现象称为膨胀。固体、液体、气体都有膨胀现象，液体的膨胀率约比固体大10倍，气体的膨胀率比液体大100倍左右。

（2）密度

密度是指在规定温度下，把某种物质单位体积内所含物质的质量数，以千克/立方米（$kg/m^3$）或克/立方厘米（$g/cm^3$）表示。物体间在同种质量下体积越小密度就越大；体积越大，密度就越小。

（3）飓风

大西洋和北太平洋地区将强大而深厚（最大风速达32.7米/秒，风力为12级以上）的热带气旋称为飓风。飓风也泛指狂风和任何热带气旋以及风力达12级的任何大风。飓风中心有一个风眼，风眼愈小，破坏力愈大。

# 47 风力发电

风力发电，还不到100年的时间，而它却以其奇特而巨大的能量，成为今天风能开发利用的主力军。风力发电系统主要由风力机和发电机组成。近年来，中国研制出多种微型风力发电机，如50瓦、100瓦、

风能发电

500瓦、1000瓦等的微型风力发电机。它们一般结构比较简单，由风轮（叶片轮）、尾轮、转动机构、限速机构、流动装置、支撑架、发电机、蓄电池、逆变器、避雷针等部分组成。

风轮在风力作用下转动，尾轮用来捕捉迎风面，以充分利用风能；制动装置使风轮在狂风时及时停车，以免机组过速受损；逆变器使低压直流电变成220伏的交流电，以适应家庭用电的电压。

一户家庭装上一台微型风力发电机组，就可以获得日常生活所需的全部电能。多余的电能还可以储存在蓄电池中供日后使用。每发电2天，输出功率可在50瓦以上，可供一台电视机7天用电。

（1）发电机

发电机是将其他形式的能源转换成电能的机械设备，最早产生于第二次工业革命时期，它由水轮机、汽轮机、柴油机或其他动力机械驱动，将水流、气流、燃料燃烧或原子核裂变产生的能量转化为机械能传给发电机，再由发电机转换为电能。

（2）蓄电池

蓄电池通常是指铅酸蓄电池，它是电池中的一种，属于二次电池。它的工作原理：充电时利用外部的电能使内部活性物质再生，把电能储存为化学能，需要放电时再次把化学能转换为电能输出。

（3）避雷针

避雷针又名防雷针，是用来保护建筑物等避免雷击的装置。在高大建筑物顶端安装一根金属棒，用金属线与埋在地下的一块金属板连接起来，利用金属棒的尖端放电，使云层所带的电和地上的电逐渐中和，从而不会引发事故。

# 48 地 热

在中国著名地质学家李四光看来，打开地球的热库（开发地热资源），与开采煤和石油有着同等重要的意义，地热是可供人类利用的一种新的能源。他告诉人们："地球是一个庞大的热库，有源源不断的热源。"他在《地热》一书中写道："从钻探和开矿的经验来看，越到地下的深处，温度越来越高……在亚洲大致40米上下增加1℃（中国大庆20米，房山50米），在欧洲绝大多数地区是28～36米增加1℃，在美洲

地热喷泉

绝大多数地区为40～50米增加1℃。假如，我们假定每深100米地温增加3℃，那么只要往下走4千米，地温就可以到1200℃……”

有人计算过，如果把地球上储存的煤燃烧时释放的热量当作100的话，那么地球储存的石油只有煤的3%，核燃料只有煤的15%，而地热则为煤的1.7亿倍。地热能大约是地球上油气资源的5万倍。每天从地球内部传到地面的能量，相当于全人类一天使用能量的2.5倍。只不过，我们不可能把地球内部蕴藏的热能全部开发出来。

（1）李四光

李四光（1889—1971），中国著名地质学家，湖北省黄冈市回龙山香炉湾人，蒙古族，首创地质力学，中央研究院院士，中国科学院院士。李四光的著名事迹曾被翻拍为电影。

（2）地热

地热是来自地球内部的一种能量资源。地球上火山喷出的熔岩温度高达1200～1300℃，这说明地球是一个庞大的热库，蕴藏着巨大的热能。这种热量渗出地表，于是就有了地热。地热能是一种清洁能源，是可再生能源，其开发前景十分广阔。

（3）美洲

美洲位于西半球，自然地理分为北美洲、中美洲和南美洲，南纬60°至北纬80°，西经30°至西经160°，面积达4206.8万平方千米，占地球地表面积的8.3%、陆地面积的28.4%，是唯一一个整体在西半球的大洲。

# 49 地热发电

新西兰地热

根据地热的特点，地热发电一般采取以下几种方式：

蒸气法，把从地热井喷出的高温蒸气用管道送往电站，直接推动汽轮发电机组发电。

减压法，将地热喷出的热水，经过减压产生蒸气，再用蒸气驱动汽轮发电机组发电。

热交换法，将从地热井喷出的热水或蒸气送入热变换器，使某种低沸点的工质驱动发电机发电。

地热发电有许多优点；设备简单，无须庞大的锅炉设备和其他附属设备，不用消耗燃料，成本低廉，建厂投资和发电成本比水力、火力、核电都要低，运行管理也比较方便，而且无烟尘。

1904年，意大利最早利用地热发电，到1973年，地热电站发展到17座，总容量达39万千瓦，目前已达到25 000千瓦。

目前，大量应用的地热发电系统主要有两大类：地热蒸气发电系统和双循环系统。另外，正在研究的地热发电系统还有全流发电系统和干热岩发电系统。

（1）蒸气

蒸气是物质受热受压后由液态变为气态的形式。通俗点说蒸气就是液体（液态物质）蒸发或沸腾后所产生（成为）的气体（气态物质），是在液体表面上进行的汽化现象，它在任何温度下都能发生，蒸发过程中需要吸热。

（2）沸腾

沸腾是在一定温度下液体内部和表面同时发生的剧烈汽化现象。液体沸腾时候的温度被称为沸点。浓度越高，沸点越高。不同液体的沸点是不同的，所谓沸点是针对不同的液态物质沸腾时的温度。沸点随外界压力变化而改变，压力低，沸点也低。

（3）烟尘

烟尘是指燃料燃烧产生的一种固体颗粒气溶胶。烟尘又指战争。高适《燕歌行》：“汉家烟尘在东北，汉将辞家破残贼。”；烟尘还指人烟稠密的地方，繁华的地方。杜甫《为农》诗：“锦里烟尘外，江村八九家。”

# 50 海 洋 能

海洋能包括潮汐能、潮流能、波浪能、海流能、温差能、盐差能等，属于可再生能源范畴。其中，潮汐能、潮流能来源于月球和太阳的引力，其他海洋能直接或间接来源于太阳的辐射。潮汐能、波浪能及潮流能是力能，海洋温差能是热能，海洋盐度差能是渗透压能，又称盐能。

海洋能

1981年，联合国教科文组织公布，全世界海洋能的理论可再生量约为800亿千瓦，现在技术能实现的可开发海洋能资源，起码有将近百亿千瓦。有些专家认为，海洋能的总量要超过上述数字。

海洋能的潜力很大，800亿千瓦可不是一个小数字，但海洋能的强度比较低。海洋能比较稳定，不像陆地上的风能、水能那么容易散失。海洋是个庞大的蓄能库，他将太阳能派生的风能等，以水能、机械能等的形式蓄在海水里，能量巨大。

中国海域广阔，海洋面积达488万平方千米，约为中国陆地面积的1/2，海岸线长达1.8万千米，有500多个岛屿，海洋资源十分丰富。

（1）海洋

地球表面被陆地分隔为彼此相通的广大水域称为海洋，其总面积约为3.6亿平方千米，约占地球表面积的71%，海洋中约含有13.5亿立方千米的水，约占地球上总水量的97%。四个主要的大洋为太平洋、大西洋和印度洋、北冰洋，大部分以陆地和海底地形线为界。

（2）陆地

地球表面未被水淹没的部分叫陆地，由大陆、岛屿、半岛和地峡几部分组成。陆地由平原、草原、盆地、丘陵、高山、河流、湖泊组成。它只占地球面积的29.2%。

（3）海岸线

海岸线是陆地与海洋的交界线，一般分为岛屿海岸线和大陆海岸线。它是发展优良港口的先天条件。曲折的海岸线极利于发展海上交通运输。

# 51 潮汐能与潮汐发电

海水受月亮和太阳的引力作用，每天大约涨落两次。白天上涨为之潮，夜间上涨为之汐。海水的一涨一落，为之潮汐。涨潮时水面升高，落潮时水面降低，海水一涨一落引起的海水流动，称为海流（潮流）。目前已测出，潮流的最快流速每小时可达29千米。人们习惯称因潮汐现象产生的能源为潮汐能。

是谁把海水掀起又推下去的？古代科学家早就洞察到潮汐与月亮

涨潮

的引力有关。中国东汉时期的著名思想家王充说过：“涛之兴也，随月盛衰。”唐代张虚若在他的《春江花月夜》诗中有“春江潮水连海平，海上明月共潮生”的诗句。

开发潮汐能的主要方式是潮汐发电。潮汐发电是通过水轮机把潮汐能转化为电能的过程。潮汐发电又分为两种方法：一种是让潮流直接冲击水轮机，利用潮流的动能发电；另一种是建造潮汐水库，即在海湾、河口等处修筑拦潮蓄能大堤，利用涨落潮位差，把潮汐位能转化为动能，再通过水轮机进行发电。

（1）引力

引力是所有物质之间互相存在的吸引力，与物体的质量有关。物体如果距离过近会产生一定的斥力。万有引力定律：两物体间的引力与它们的质量成正比，与距离的平方成反比。万有引力是质点吸引其他质点而本身受到的力。

（2）王充

王充，字仲任，会稽上虞人（今属绍兴），他的祖先从魏郡元城迁徙到会稽。王充年少时就成了孤儿，乡里人都称赞他孝顺。后来到京城，他到太学（中央最高学府）里学习，拜扶风（地名）人班彪为师。《论衡》是王充的代表作品，也是中国历史上一部不朽的无神论著作。

（3）春江花月夜

《春江花月夜》是中国唐代诗人张若虚的作品。此诗共三十六句，每四句一换韵，以富有生活气息的清丽之笔，创造性地再现了江南春夜的景色，如同月光照耀下的万里长江画卷，同时寄寓着游子思归的离别相思之苦。

# 52 太 阳 能

火红的太阳，以巨大的光和热，哺育着地球上生命，也给人间带来无限的温暖。地球上生物的生长和繁育、各地气候的形成和演化、全球水循环的进行，都与太阳巨大的能量密切相关。

太阳能

现在我们知道，太阳由氢、氦、氧、碳、氮、氖、镁、镍、硅、硫、铁、钙等60多种物质组成，其中最丰富的元素有12种。氢的含量占1/2以上，氦的含量也很多。太阳上的所有元素都以灼热的气体形式存在。在太阳

内部高温、高压环境下，所有气体都已电离，核聚变反应持续进行。每4个氢核聚变成1个氦核，就会释放出巨大的能量。

太阳向宇宙空间发射的辐射功率（$3.8\times10^{23}$千瓦）是巨大的，其中能到达地球大气层的能量只有总能量的二十二亿分之一，但仍然是相当巨大的。其中30%被大气反射回宇宙空间，23%被大气层吸收转化为风、雨、霜、雪等气象变化的能量，直接射到地球表面的能量仅为二十二亿分之一的百分之二。太阳能量相当于世界总能耗的上万倍。

（1）电离

电离就是指电解质，如乙酸（醋酸）、一水合氨（氨水）、氢硫酸（硫化氢）、氢氯酸（氯化氢）等或晶体等在水溶液中或熔融状态下产生自由移动离子的一种过程。

（2）核聚变反应

核聚变反应主要借助氢同位素。核聚变不会产生核裂变所出现的长期和高水平的核辐射，不产生核废料，当然也不产生温室气体，基本不污染环境。

（3）释放

释放指把所含物质或能量放出来，释放热能；散放，放出。如：原子核被高速度运动的中子撞击时，就释放出原子能。

# 53
# 太阳能的利用方法

目前对太阳能的利用主要有三种方法：第一，把太阳的辐射能变成热能，称为光热转换；第二，把太阳的辐射能转变成电能，称为光电转换；第三，把太阳的辐射能转变成化学能，称为光化学转换。

光热转换是利用集热器或聚光器，获取达到100℃以下的低温热源和达到1000～4000℃的高温热源。这种办法目前被广泛应用于煮饭、烘干谷物、供应热水、供应室内取暖、太阳热能发电、输出机械能和高温热处理，以及农业的太阳能温室、太阳能水泵等方面。

光电转换：把太阳能直接变成电能，这也是目前主要应用的一个方法，例如太阳能电池，包括硅电池、硫化镉电池、砷化镓电池、砷化镓—砷化铝镓电池等。作为小功率的特殊电源，包括灯塔、航标、微波中继站、电围栏、铁路信号、无线电话、电视差转、电视接收、无人气象站、电子玩具、计算机、电子表等。

光化学转换：绿色植物的光合作用，就是光化学转换的一个过程。利用这个原理，在荒山、荒地和湖泊等处种植绿色植物，就可以获得固体燃料、液体燃料、肥料和石油化工等的替代品。

太阳能路灯

（1）电池

电池指盛有电解质溶液和金属电极，产生电流的杯、槽、其他容器或复合容器的部分空间。随着科技的进步，电池泛指能产生电能的小型装置，如太阳能电池。电池的性能参数主要有电动势、容量、比能量和电阻。

（2）电源

可以将其他形式的能转换成电能，我们把这种提供电能的装置叫作电源。电源是向电子设备提供功率的装置，也称电源供应器，它提供计算机中所有部件所需要的电能。

（3）电话

电话是通过电信号双向传输话音的设备。1875年6月2日亚历山大・贝尔发明了电话。经过一百多年的发展，电话已发展为移动电话、固定电话、网络电话等门类，已成为现代信息社会必不可少的传播工具。

# 54 核电站

从能源角度来说，核能既可为潜艇、大型船只、破冰船等提供动力，也可以用来发电和供热。用来发电的叫核电站，用来供热的叫核供热站；既发电又供热的叫核热电站。用原子能作动力的电站叫核电站。原子发电与一般火力发电的不同之处，不仅在于燃料，而且还在于它以反应堆代替锅炉，以原子核裂变形式释放能量，加热蒸汽，推动汽轮发电机发电。

核电站将原子核裂变释放出的核能转变为电能，主要由核动力反应堆、蒸汽发生器、稳压器、水泵、汽轮机、发电机等动力设备，以及由安全壳等防护设备组成。

自1954年第一座核电站问世以来，世界上已广泛使用核电站技术，它具有许多优点：一是核燃料体积小而能量大，核能比化学能要大出几百万倍；二是对环境污染小，不排出有害物质，不制造“温室效应”；三是经济划算，发电成本低；四是可持续发展等。

（1）潜艇

潜艇是一既能在水面航行又能潜入水中某一深度进行机动作战的舰艇，是海军的主要舰种之一。其特点是能利用水层掩护进行隐蔽活动和对敌方实施突然袭击。

（2）温室效应

大气能使太阳短波辐射到达地面，但地表向外放出的长波热辐射线却被大气吸收，这样就使地表与低层大气温度增高，因其作用类似于栽培农作物的温室，故名温室效应。自工业革命以来，人类向大气中排入的二氧化碳等吸热性强的温室气体逐年增加，大气的温室效应也随之增强，已引起全球气候变暖等一系列严重问题。

（3）破冰船

破冰船是借船体重力、动能或其他方法破碎冰层，为其他船舶通过冰区开辟航道的船。破冰船是保障舰船进出冰封港口、锚地，或引导舰船在冰区航行的勤务船。分为江河、湖泊、港湾或海洋破冰船。

防城港核电

# 55 能源中的新秀——氢

氢能属于二次能源，还是含能体能源，氢燃烧所释放出的能量比汽油高3倍。

在化学元素周期表上，氢排在第一位。氢是最轻的化学元素，在普通状况下是气体，密度只是空气的7%，无色、无味、无臭，看不见、摸不着。氢的同位素是重氢，即氘和氚。它们都是第三代核能的燃料。

在自然界中，氢的分布非常广泛。水就是氢的“大仓库”。氢存在于气体中，但主体是以化合物——水的形式存在，水的分子式是$H_2O$，氢占水的11%。海洋水中含氢量为$1.5\times10^{17}$吨，泥土中含氢约为1.5%。而且氢在燃烧过程中又能生成水，这样循环下去，可以说氢能的资源是无穷无尽的。氢作为能源，优点很多：

氢的热值很高，是汽油的3倍。

氢能取之不尽，用之不竭。海洋中氢的热量是地球上所有矿物能源热量的9000倍。

氢是无污染的理想燃料。在汽油中加入5%的氢，可提高效率20%。

氢容易储存和运输，费用低，比线路输电低10倍。

裂解加氢装置

（1）氢

氢是一种化学元素，在元素周期表中位于第一位。它的原子是所有原子中最小的。氢通常的单质形态是氢气。它无色、无味、无臭。

（2）化学元素

化学元素指自然界中一百多种基本的金属和非金属物质，它们只由一种原子组成，其原子中的每一核子具有同样数量的质子，用一般的化学方法不能使之分解，并且能构成一切物质。一些常见元素的例子有氢、氮和碳。

（3）同位素

同位素是同一元素的不同原子，其原子具有相同数目的质子，但中子数目却不同。在自然界中天然存在的同位素称为天然同位素，人工合成的同位素称为人造同位素。如果该同位素有放射性的话，会被称为放射性同位素。

# 56 潜力之能——锂

锂发现于1817年，但应用却很晚。20世纪50年代才发现了生产热核武器用锂的同位素锂-6。锂具有两种重要用途：一是用于大规模储存电能的高能质比电池和再生电池，它有可能成为航空器的动力来源；二是用于受控热核聚变发电站，熔融的锂作为冷却液，用于裂变反应堆堆芯和聚变反应堆堆芯。

天然锂中含有两个同位素——锂-6和锂-7。它们都容易被能量更大的中子轰击而产生裂变，同时产生另一种物质——氚。氘化锂-6和氮化锂-6，就是产生氘—氚热核聚变反应的固体原料。这种热核反应的瞬间爆炸，释放出巨大的能量，即大家所熟知的氢弹爆炸。氘化锂-6就是氢弹爆炸的炸药。1千克氘化锂的爆炸力相当于5万吨TNT炸药。

实验表明，锂-6的能量巨大，1千克的能量约相当于4000吨原煤的热量；生产70亿度电，只需消耗1.6吨（水322千克）氚和8.5吨天然锂（676千克锂-6）；能量比铀-235聚变产生的能量要大出好几倍。由于燃料消耗少，聚变反应堆发电的燃料费用，还不到总成本的10%。

（1）核武器

核武器是利用能自持进行核裂变或聚变反应释放的能量，产生爆炸作用，并具有大规模杀伤破坏效应的武器的总称。核武器是指包括氢弹、原子弹、中子弹、三相弹、反物质弹等在内的与核反应有关的杀伤性武器。

（2）航空器

航空器是指在大气层中飞行的飞行器，包括飞机、飞艇、气球及其他任何借空气的反作用力，得以飞行于大气中的器物。航空器由动力装置产生前进推力，由固定机翼产生升力，在大气层中飞行重于空气。

（3）氢弹

氢弹是核武器的一种，是利用原子弹爆炸的能量点燃氢的同位素氘等氢原子核的聚变反应瞬时释放出巨大能量的核武器，又称聚变弹 、热核弹、热核武器。氢弹的杀伤破坏因素与原子弹相同，但威力比原子弹大得多。

核弹头

# 57 中国能源发展大事记

约100万年前，人类开始用火。

约200年前，中国利用煤冶炼钢铁。

1000年前，中国人使用火药制造爆竹。

约1700年前，中国已开始使用风箱助燃。

1044年，中国曾火亮等人编写《武经总要》一书，介绍火药配方和多种火器。

新能源路灯

1031—1095年，中国出现“石油”的名称，北宋科学家沈括在《梦溪笔谈》一书中，命名并介绍石油。

1313年，中国人在陕北延长县迎河境内开凿世界上第一口石油竖井，比美国第一口油井（1859年）和俄罗斯第一口井（1898年）均早500多年。

1958年，中国建成回旋加速器并制成亚洲最大重水型原子反应堆。

1964年，中国成功爆炸第一颗原子弹。

1973年，中国进行第一个氢弹试验。

1980年，中国发射洲际运载火箭。

1980年，中国第一座高通量原子反应堆建成。

1984年，中国第一台太阳能车研制成功。

1990年，中国清华大学核能技术研究所成功建造世界第一座5兆瓦压力壳式低温核工业堆。

2000年，中国地质人员在中国南海北部圈定11个可燃冰矿体，含矿总面积22平方千米，矿层厚20米，预测储量约194立方米。

2009年，中国地质部门在青藏高原冻土层中发现了可燃冰。

2012年，神舟九号载人宇宙飞船与天宫一号对接。

（1）钢铁

钢铁是铁与碳（C）、硅（Si）、锰（Mn）、磷（P）、硫（S）以及少量的其他元素所组成的合金。其中除铁（Fe）外，碳的含量对钢铁的机械性能起着主要作用，故统称为铁碳合金。它是工程技术中最重要、用量最大的金属材料之一。

（2）爆竹

放鞭炮贺新春，在我国有两千多年历史。最早的爆竹，是指燃竹而爆，因竹子焚烧发出“噼噼啪啪”的响声，故称爆竹。

（3）陕北

陕北是革命老区，是中国黄土高原的中心部分，包括陕西省的榆林市和延安市，它们都在陕西的北部，所以称作陕北，地势西北高，东南低。

# 58
# 17～18世纪世界能源发展大事记

1615年，法国人鲁克尔发明蒸汽动力抽水技术。

1650年，德国人居里发明活塞真空抽气杆。

1652年，德国人格里克发明真空泵。

1663年，英国人牛顿发现蒸汽机原理。

1673年，荷兰人惠更斯发明世界上首台活塞发动机。

清洁的能源

1707年，英国人纽科门和萨弗里制造出首批纽科门蒸汽发动机，引发工业革命。

1769年，英国人瓦特发明实用蒸汽机。

1769年，法国人可格诺特发明蒸汽车。

1781年，美国人拉瓦锡、卡文迪用合成法证实水是氢和氧的化合物，纠正水是元素的错误说法。

1782年，瑞士人辛妮比内发现植物在不同光线条件下吸入二氧化碳，呼出氧气的交换现象，即光合作用。

（1）居里夫人

居里夫人（1867—1934），波兰裔法国籍女物理学家、放射化学家，1903年和丈夫皮埃尔·居里及亨利·贝克勒尔共同获得了诺贝尔物理学奖，1911年又因放射化学方面的成就获得诺贝尔化学奖。

（2）牛顿

牛顿（1643—1727），人类历史上出现过的最伟大、最有影响的科学家，同时也是物理学家、数学家和哲学家，晚年醉心于炼金术和神学。他在1687年7月5日发表的不朽著作《自然哲学的数学原理》里用数学方法阐明了宇宙中最基本的法则——万有引力定律和三大运动定律。

（3）惠更斯

惠更斯（1629—1695），荷兰物理学家、天文学家、数学家。他是介于伽利略与牛顿之间一位重要的物理学先驱，是历史上最著名的物理学家之一。他对力学的发展和光学的研究都有杰出的贡献，在数学和天文学方面也有卓越的成就，是近代自然科学的一位重要开拓者。

# 59 19世纪世界能源发展大事记

1800年，意大利人伏打发明电池。

1817年，法国人佩莱蒂分离出叶绿素。

1820年，丹麦人塞贝克发现温差电偶现象，即温差电效应。

1827年，法国人蓬斯莱设计制造世界第一台涡轮水轮机。

1831年，英国人法拉第发现电磁感应定律，即电磁的诱导作用。

1832年，法国人皮格希发明直流发电机（电磁发电机）。

1834年，英国人法拉第发表电解定律，被称为“电学之父”。

1836年，英国人丹尼尔发明世界第一块不能极化的电池。

1836年，英国人培根设计出燃料电池。

1840年，英国人焦耳发现电流具有热效应，即电转化为热的定律——焦耳定律。

1843年，英国人比尔特首创旋转式钻探石油法。

1855年，英国制成第一台波力发电装置，但是发电率不高。

1855年，美国人西里曼利用欧洲化学家研制石油化学成分的成果，对石油蒸馏进行试验，获得沥青、润滑油、石蜡油、油漆溶剂和汽油。

1859年，美国人德力库发明油井钻取石油。

1873年，德国人阿鲁特尼克发明交流发电机。

（1）法拉第

法拉第（1791—1867），英国物理学家、化学家，也是著名的自学成才的科学家。他生于萨里郡纽因顿一个贫苦铁匠家庭，仅上过小学。1831年，他作出了关于力场的关键性突破，永远改变了人类文明。1815年5月法拉第回到皇家研究所在戴维指导下进行化学研究。

（2）培根

培根（1561—1626），英国文艺复兴时期最重要的散作家、哲学家。他不但在文学、哲学上多有建树，在自然科学领域里，也取得了重大成就。培根是一位经历了诸多磨难的贵族子弟，复杂多变的生活经历丰富了他的阅历，随之而来的，他的思想成熟，言论深邃，富含哲理。

（3）焦耳

焦耳（1818—1889），英国物理学家，出生于曼彻斯特近郊的沙弗特。由于他在热学、热力学和电方面的贡献，皇家学会授予他最高荣誉的科普利奖章。后人为了纪念他，把能量或功的单位命名为“焦耳”，简称“焦”，并用焦耳姓氏的第一个字母“J”来标记热量。

石油能源

# 60 20世纪世界能源发展大事记

1903年，英国人瑟福提出放射性元素蜕变论，打破原子不改变的观念。

1904年，意大利人拉德雷诺建立世界第一座地热发电站。

1914年，美国人爱迪生研制出第一个碱性（电解质为非酸性）蓄电池。

1919年，德国人特洛普发明用人工地震方法勘探地下石油获得成功。

1925年，德国人海森堡创立“量子学”，从而导致氢同位素异形体的发现。

1932年，查德威克在人工核反应中发现中子。

1932年，美国人尤里通过同位素分离第一个获得重水。

1933年，英国在赛温河口建立世界第一座潮汐发电站。

1934年，英国人瑟福和澳大利亚人奥利芬特等首次实现核聚变反应。

1934年，意大利人费米发现原子核的链式反应，导致原子弹制造成为可能。

1938年，德国人科恩发现铀裂变。

1942年，意大利人费米等完成第一座原子反应堆，这是利用原子能的开始。

太阳能产品

（1）爱迪生

爱迪生（1847—1931），美国发明家、企业家，拥有众多重要的发明专利。被传媒授予“门洛帕克的奇才”称号的他，是世界上第一个发明家利用大量生产原则和其工业研究实验室来生产发明物的人。他拥有2000余项发明，包括对世界极大影响的留声机、电影摄影机和钨丝灯泡等。

（2）费米

费米（1901—1954），美国物理学家。他在理论和实验方面都有一流建树，这在现代物理学家中是屈指可数的。100号化学元素镄就是为纪念他而命名的。费米一生的最后几年，主要从事高能物理的研究。

（3）贝尔

贝尔（1847—1922），是一位美国发明家和企业家。他获得了世界上第一台可用的电话机的专利权（发明者为意大利人安东尼奥·梅乌奇），创建了贝尔电话公司（AT&T公司的前身）。贝尔被世界誉为“电话之父”。